辽宁乡村振兴农业实用技术丛书

苹果绿色高效栽培技术

主　编　刘　志

东北大学出版社
·沈　阳·

图书在版编目（CIP）数据

苹果绿色高效栽培技术 / 刘志主编. — 沈阳 ：东北大学出版社，2021. 11

ISBN 978－7－5517－2824－9

Ⅰ. ①苹… Ⅱ. ① 刘… Ⅲ. ①苹果－高产栽培 Ⅳ. ①S661. 1

中国版本图书馆 CIP 数据核字(2021)第 243578 号

出 版 者：东北大学出版社
地址：沈阳市和平区文化路三号巷 11 号
邮编：110819
电话：024－83687331(市场部)　83680267(社务部)
传真：024－83680180(市场部)　83680265(社务部)
网址：http://www. neupress. com
E-mail: neuph@ neupress. com
印 刷 者：辽宁一诺广告印务有限公司
发 行 者：东北大学出版社
幅面尺寸：145 mm×210 mm
印　　张：7. 25
字　　数：188 千字
出版时间：2021 年 11 月第 1 版
印刷时间：2021 年 11 月第 1 次印刷
策划编辑：牛连功
责任编辑：杨世剑　王　旭　　责任校对：周　朦
封面设计：潘正一　　责任出版：唐敏志

ISBN 978－7－5517－2824－9　　定　价：28. 00 元

“辽宁乡村振兴农业实用技术丛书”
编审委员会

前　言

辽宁苹果栽培历史悠久，据《群芳谱》（1621）中记载，“奈出北地，燕赵者尤佳”；《盛京通志》（1779）中对苹果的性状进行了描述，指出“苹果：花粉红色，果红碧相间；沙果似苹果而小……槟子似花红而大；秋子似花红而小，皆奈之属”。可见，辽宁省早期栽培的苹果品种主要为绵苹果、沙果、花红、槟子等。1902 年以前，在大连市，苹果树作为庭园树木已被零星栽植；1909 年，辽宁省苹果果园面积达 2.2 hm^2；1935 年，辽宁省苹果果园面积增至 1.05×10^4 hm^2；1945 年，辽宁省苹果果园面积发展到 3×10^4 hm^2；1978 年，辽宁省苹果果园面积已达 1.27×10^5 hm^2。近年来，通过发展特色优势水果、推广绿色高效精品生产技术、建立标准示范基地等举措，辽宁省苹果效益和产业地位得到了稳步提升，现有栽培面积 1.87×10^5 hm^2，产量为 3.12×10^6 t，初步形成了渤海湾苹果优生区、中部优势果品产业区、北部果业区等各具特色和优势的区域布局。苹果种植已成为果农创收的主要来源，是天然的“扶贫果”、乡村振兴的“发展果”，其主产区与辽宁省重点扶贫区域高度重合，涉及数百万果农，在脱贫攻坚、乡村振兴发展中发挥了重要作用。

目前，我国水果产业正处于向高质量发展迈进的关键阶段，面临产业布局优化、栽培制度创新、苗木繁育制度变革、新商业模式建立、气候异常变化加剧等新情况、新问题。基于上述考虑，在“辽宁乡村振兴农业实用技术丛书”编审委员会指导下，本分册组织辽宁省农业科学院果树研究所苹果领域专家和一线专业技术人员，结合各自科技创新和产业服务最新成果，承担本分册的编写工作。本分册在编写过程中，按照“辽宁乡村振兴农业实用技术丛书”的总体要求，以农业生产实用技术为切入点，以乡村振兴科技需求为导向，着力解决苹果产业发展中存在的实用技术不足、实用性和适用性不强等实际问题，旨在为农业基层管理人员、农技推广工作者、农业新型经营主体、农村致富带头人及广大农民朋友提供用得上的新知识、新理念、新技术、新模式，以期成为农技推广人员和农业生产人员的知识读物和管理实操手册。

本分册共九章，由刘志担任主编。第一章、第八章和第九章由刘志负责编写；第二章“早熟品种”由王冬梅负责编写，“中熟品种”由吕天星负责编写，“晚熟品种”由闫忠业负责编写，“矮化砧木”由杨锋负责编写；第三章“苗木培育”由吕天星负责编写，“建园”由宋哲负责编写；第四章由于年文负责编写；第五章由里程辉负责编写；第六章由李宏建负责编写；第七章由张秀美负责编写。本分册由王颖达和黄金凤负责统稿。

本分册在编写时，内容力求突出重点、体现特色，注重生产实际应用价值，兼顾学术价值；编写风格力求体现通俗易懂的特点，增强可读性。各位撰写者虽然力求精益求精，但因水平有限，本分册中难免存在疏漏和不足之处，敬请读者不吝指教，多提宝贵意见。

编　者

2021 年 6 月

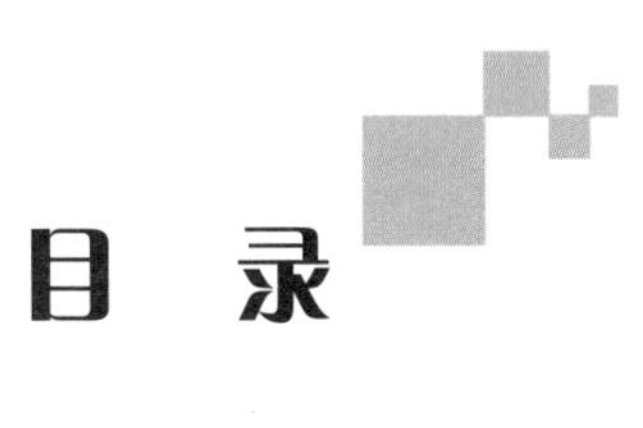

目 录

第一章 辽宁苹果区划

苹果是辽宁省果业经济的重要组成部分，其栽培面积、产量、产值均居辽宁省果业首位，在推动农业结构调整、促进农业农村经济发展和增加农民收入等方面发挥了重大作用。2009 年，农业部在《苹果优势区域发展规划（2003—2007 年）》的基础上，印发了《苹果优势区域布局规划（2008—2015 年）》；2014 年的《农业部办公厅关于印发〈全国园艺作物“三品”提升行动实施方案〉的通知》（农办农〔2014〕37 号）与 2015 年的中央 1 号文件《关于加大改革创新力度加快农业现代化建设的若干意见》，明确提出把果业放在优先发展的位置上，农业部开展大规模园艺作物标准园创建，推进由“园”到“区”的拓展。目前，随着市场经济发展和人民生活需求变化，迫切需要优化果树产业布局、调整结构、提升品质，以增强竞争力。

辽宁省苹果生产已进入新的发展时期，但辽宁省苹果区划是 1985 年制定的，至今已过去 30 多年。随着苹果品种的不断更新及栽培技术的持续升级，加之气候和生态环境的变化，原有的苹果区划已不适宜现代苹果产业发展的需要。为适应现代苹果产业发展的新形势，在辽宁省农业农村厅的大力支持下，辽宁省果树科学研究所组织全省苹果领域的专家，协同各市、县果业技术推广部门，在我省原有苹果区划的基础上，通过实地考察分析，研制科学的生态分区指标，深入挖掘辽宁省苹果资源和气候、土壤等总体生态环境资源综合潜力，形成更加先进、具有实用价值的苹果品种区划，用来指导未来的苹果生产，从而避免产业盲目发展，少走弯路，实现科学合理的品种结构布局，充分发挥苹果产业优势，促进我省苹果生产稳步健康发展。

第一节 生态环境特点与产业基础

一、苹果主要生产县（区）气候及土壤情况

辽宁省苹果主要生产县多属于温带大陆性季风气候区，境内雨热同季、日照丰富、积温较高、冬长夏暖、春秋季短、四季分明，其气候及土壤情况如表 1-1 所列。辽宁省全年气温在 7～11 ℃，最高气温为 30 ℃左右，极端最高气温可达 40 ℃以上，最低气温为-30 ℃，1 月平均气温为-14～-8 ℃。年平均无霜期为 130～180 d，由西北向东南逐渐增多。年降水量在 500～800 mm，雨量不均，东湿西干，东部山地丘陵区年降水量在 1100 mm 以上，西部山地丘陵区年降水量在400 mm左右；全年降水量主要集中在夏季，6—8 月降水量占全年降水量的 60%～70%。辽宁省土壤大部分为棕壤，多呈微酸性。其中，西部多为褐土，中部多为草甸土，东部多为山地棕壤。尽管我省土壤类型较为复杂，各地土壤性状也不尽相同，但基本都适合苹果种植。

表 1-1 辽宁省苹果主要生产县（区）气候及土壤情况

县（区）	1 月平均气温/℃	年降水/mm	无霜期/d	空气相对湿度	土壤类型
苏家屯区	-11	600～700	160	中	草甸土潮土
新民市	-12	600～700	160	中	草甸土潮土

表1-1（续）

县（区）	1月平均气温/℃	年降水/mm	无霜期/d	空气相对湿度	土壤类型
辽中县	-11	600~700	171	中	草甸土潮土
康平县	-13	500~600	150	中	草甸土潮土
法库县	-13	600~700	150	中	草甸土潮土
于洪区	-11	600~700	155	中	草甸土潮土
沈北新区	-11	600~700	155	中	草甸土潮土
浑南区	-11	600~700	155	中	草甸土潮土
旅顺口区	-8	600~700	185	大	棕壤草甸土
金州区	-8	600~700	185	中	棕壤草甸土
瓦房店市	-8	600~700	165~185	中	棕壤草甸土
庄河市	-8	700~800	165	大	棕壤草甸土
普兰店市[①]	-8	600~700	174~188	大	棕壤草甸土
千山区	-9	600~700	165	中	棕壤草甸土
海城市	-10	600~700	165	中	棕壤草甸土
台安县	-10	600~700	168	中	棕壤草甸土
岫岩满族自治县	-10	700~800	156	中	棕壤草甸土
抚顺县	-13	700~800	145	中	暗棕壤
新宾满族自治县	-13（南部） -14（北部）	700~800	150	中	暗棕壤
本溪满族自治县	-12	>800	150	中	暗棕壤
桓仁满族自治县	-13	>800	153	大	暗棕壤

① 普兰店市已于2015年10月13日撤销，设立为大连市普兰店区。此处因表格数据来源于2015年，未做改动。

表1-1(续)

县（区）	1月平均气温/℃	年降水/mm	无霜期/d	空气相对湿度	土壤类型
清原满族自治县	-14	700~800	130	中	暗棕壤
东港市	-9	>800	168~199	大	棕壤土
凤城市	-10（南部） -11（北部）	>800	160	大	暗棕壤
宽甸满族自治县	-10（南部） -11（北部）	>800	140	大	暗棕壤
凌海市	-9	600~700	160~180	中	草甸土潮棕壤
北镇市	-10	500~600	154~164	中	草甸土潮棕壤
黑山县	-10	500~600	145	中	草甸土潮棕壤
义县	-10	500~600	126~175	中	棕壤草甸土
盖州市	-9	600~700	170~189	中	棕壤草甸土
大石桥市	-9	600~700	143~163	中	棕壤草甸土
阜新蒙古族自治县	-10（南少部） -11（北部）	500~600	150	小	褐土
彰武县	-11	500~600	156	小	褐土
太子河区	-10	700~800	160	中	棕壤草甸土
灯塔市	-11	600~700	160	中	棕壤草甸土
辽阳县	-10	700~800	168	中	棕壤草甸土
清河区	-14	600~700	146	中	棕壤土
开原市	-13（南部） -14（北部）	600~700	156	中	棕壤土
铁岭县	-13	600~700	146	中	棕壤土
昌图县	-13（西北部） -14（东北部）	600~700	140	中	棕壤土
西丰县	-14	600~700	135	中	棕壤土

表1-1(续)

县（区）	1月平均气温/℃	年降水/mm	无霜期/d	空气相对湿度	土壤类型
北票市	-10	<500	150	小	潮褐土
凌源市	-9（南部） -10（北部）	400~600	130~160	中	潮褐土
朝阳县	-9（南部） -10（北部）	400~600	164	小	潮褐土
建平县	-10~-13	<500	120~155	小	潮褐土
喀喇沁左翼蒙古族自治县	-9（南部） -10（北部）	<500	144	小	潮褐土
盘山县	-9（南部） -10（北部）	600~700	170	中	盐土盐化潮土
大洼县	-9	600~700	175	中	盐土盐化潮土
连山区	-8（东南部） -9（西北部）	500~600	167	中	棕壤草甸土
南票区	-8（东南部） -9（西北部）	500~600	160~170	中	棕壤草甸土
兴城市	-8（东南部） -9（西北部）	500~600	175	中	棕壤草甸土
建昌县	-9	500~600	158	中	棕壤草甸土
绥中县	-8（西南部） -9（北部）	500~600	178	中	棕壤草甸土

注：1. 表中气象数据来源于2015年辽宁省气象局资料，为多年平均数据。

2. 土壤类型来源于1987年辽宁省种植业区划内部资料。

二、苹果主要生产县（区）冻害发生频率情况

据熊岳国家基本气象站高级工程师刘国惠1951—1993年在熊岳地区43年的调查结果显示，国光品种冻害界限温度如下：11月上旬为-15 ℃，11月中旬为-17 ℃，11月下旬为-19 ℃，12月上旬为-23 ℃，12月中旬至次年2月上旬为-24.5 ℃，2月中旬为-23 ℃，2月下旬为-19 ℃，3月上旬为-17 ℃，3月中旬为-15 ℃，3月下旬为-9 ℃，4月上旬为-7 ℃，4月中旬为-4 ℃，4月下旬为-1 ℃，5月上旬为1 ℃，5月中旬为3.5 ℃。以此为参照，可以推测苹果冻害发生情况。根据辽宁省苹果主要生产县（区）近30年气象资料（见表1-2）显示，全省各地冻害发生频率如下：11月上旬至12月上旬为0~46次，12中旬至次年2月上旬为0~30次，2月中旬至3月下旬为0~81次，4月上旬至4月下旬为0~57次，5月上旬至5月中旬为0~39次。旅顺口区、金州区、瓦房店市、庄河市、普兰店市、千山区、台安县、东港市、北镇市、黑山县、盖州市、大石桥市、连山区、兴城市、绥中县冻害发生频率较低，属大苹果安全栽培地区。但研究人员在调研时发现，以上各地适栽品种不尽相同，富士等不抗寒品种仅在金州区、瓦房店市及绥中县南部表现较好，栽培较为安全。苏家屯区、法库县、抚顺县、新宾满族自治县、本溪满族自治县、桓仁满族自治县、清原满族自治县、阜新蒙古族自治县、彰武县、辽阳县、开原市、铁岭县、昌图县、西丰县冻害发生频率较高，大苹果栽培风险较大。

表 1-2　辽宁省苹果主要生产县（区）
冻害发生频率情况（1986—2015 年）

县（区）	11 上旬至12 月上旬	12 中旬至次年 2 月上旬	2 月中旬至3 月下旬	4 月上旬至4 月下旬	5 月上旬至5 月中旬
苏家屯区	9	18	17	5	2
新民市	3	13	6	3	1
辽中县	9	12	8	1	1
康平县	4	13	14	4	2
法库县	10	19	25	16	4
旅顺口区	0	0	0	0	0
金州区	0	0	0	0	0
瓦房店市	0	0	0	0	0
庄河市	0	2	0	0	0
普兰店市	0	1	0	1	0
千山区	0	2	0	0	0
海城市	8	18	10	2	4
台安县	2	7	0	0	0
岫岩满族自治县	1	10	3	11	7
抚顺县	43	30	47	42	21
新宾满族自治县	33	30	81	43	39
本溪满族自治县	7	22	29	24	11
桓仁满族自治县	9	21	32	26	16
清原满族自治县	29	30	54	34	30
东港市	0	2	0	0	0
凤城市	3	13	8	9	4
宽甸满族自治县	7	18	17	23	10
北镇市	0	3	1	1	2
黑山县	1	6	3	3	2
义县	4	7	6	10	4

表1-2(续)

县（区）	11上旬至12月上旬	12中旬至次年2月上旬	2月中旬至3月下旬	4月上旬至4月下旬	5月上旬至5月中旬
盖州市	0	2	3	2	0
大石桥市	2	5	4	0	2
阜新蒙古族自治县	5	12	17	16	6
彰武县	6	14	18	8	5
辽阳县	7	17	13	8	4
开原市	17	29	42	22	7
铁岭县	3	22	16	6	2
昌图县	9	21	21	8	8
西丰县	46	30	58	57	35
北票市	1	4	8	9	5
凌源市	10	11	19	20	11
朝阳县	3	7	16	13	7
建平县	3	4	12	3	3
喀喇沁左翼蒙古族自治县	4	6	6	6	1
连山区	0	2	1	0	0
兴城市	0	4	0	2	1
建昌县	3	4	7	4	3
绥中县	0	2	0	0	0

三、苹果主要生产县（区）品种分布情况

辽宁省不同生态气候区栽培的苹果品种差异较大，其品种分布情况如表1-3所列。沈阳、抚顺、铁岭、本溪等地主要栽培苹果品种为寒富，锦绣海棠、岳阳红、七月鲜、金红等品种有少量栽培。大连、葫芦岛等地主要栽培苹果品种有富士、寒富、国

光、金冠、嘎拉，乔纳金、斗南、鸡冠、山沙、王林等品种有少量栽培。鞍山、辽阳、阜新、朝阳、丹东等地主要栽培苹果品种为寒富，锦绣海棠、国光、金冠等品种有少量栽培。营口、锦州等地主要栽培苹果品种有富士、国光、金冠、寒富，乔纳金、嘎拉、斗南、岳阳红、岳冠、岳华等品种有少量栽培。

表 1-3　辽宁省苹果主要生产县（区）品种分布情况（2015 年）

县（区）	品种分布
苏家屯区	寒富
新民市	寒富
辽中县	寒富
康平县	寒富
法库县	寒富
于洪区	寒富
沈北新区	寒富
浑南区	寒富
旅顺口区	红富士
金州区	红富士
瓦房店市	富士、国光、乔纳金、金冠、红王将、寒富、嘎拉、斗南
庄河市	寒富、国光、鸡冠、乔纳金、斗南、红富士
普兰店市	国光、富士、寒富、乔纳金、鸡冠、金冠、斗南、嘎拉、山沙、王林
千山区	寒富
海城市	寒富、国光、金冠、鸡冠
台安县	寒富、锦绣海棠、早金冠
岫岩满族自治县	寒富
抚顺县	寒富、国光、富士
新宾满族自治县	国光、沙果、寒富
本溪满族自治县	寒富、嘎拉

表1-3（续）

县（区）	品种分布
桓仁满族自治县	寒富、新苹一号
清原满族自治县	金红、寒富
东港市	寒富、国光、鸡冠
凤城市	寒富、鸡冠、丹光
宽甸满族自治县	寒富
凌海市	国光、金冠、寒富、乔纳金、嘎拉、斗南、岳阳红、岳冠、岳华
北镇市	寒富、金冠、国光、富士、秋锦、嘎拉
黑山县	寒富、金冠
义县	寒富
盖州市	红富士、寒富、元帅、国光、乔纳金、鸡冠、望山红、斗南、嘎拉、印度
大石桥市	寒富、富士、国光、金冠、乔纳金
清河门区	寒富
阜新蒙古族自治县	寒富、金红
彰武县	寒富、锦绣海棠、丹苹、丹光
太子河区	沈农2号、伏锦、小国光、金冠、沙果、寒富、山沙、锦红、七月鲜、翠秋
灯塔市	寒富
辽阳县	红富士、寒富
清河区	寒富、七月鲜
开原市	寒富、七月鲜、金红
铁岭县	寒富、海棠、金红
昌图县	寒富、金红、小白龙、黄太平、锦绣海棠、七月鲜
西丰县	金红、七月鲜、寒富
北票市	寒富、国光、黄元帅、富士

表1-3(续)

县（区）	品种分布
凌源市	寒富、国光、金冠、富士、乔纳金
朝阳县	寒富、国光、金冠、富士
建平县	国光、七月鲜、黄太平、寒富、金红、龙冠、黄元帅
喀喇沁左翼蒙古族自治县	寒富、金冠、国光、富士
盘山县	寒富
大洼县	寒富
连山区	寒富、国光、富士、元帅、乔纳金、王林
南票区	国光、金冠、红富士、寒富
兴城市	富士、寒富、金冠、嘎拉、国光、华红、红王将、山沙
建昌县	国光、富士、寒富、金冠
绥中县	红富士、寒富、金冠、国光、嘎拉、乔纳金、王林、红王将

四、苹果主要生产县（区）产业基本情况

大连地区苹果产业综合水平较高，亩①产量、果品售价、优质果率、亩收入、亩成本、农户（小于 2000 m^2）果园比率、合作组织、贮藏企业、科技人员数量等指标位居全省前列，产业基础较好。葫芦岛、营口、锦州、丹东地区产业综合水平中等，果园管理及果品销售等个体间差异较大。沈阳、鞍山、抚顺、本溪、阜新、辽阳、铁岭、朝阳等地产业综合水平较低，果园投入与果园产出个体间差异巨大，如表 1-4 所列。

① 亩为非法定计量单位，1 亩≈666.6 米^2，此处使用为便于读者理解，使行文更为顺畅，下同。—编者注

表 1-4　辽宁省苹果主要生产县（区）产业基本情况

县(区)	位次	产量/(吨·亩$^{-1}$)	果价/(元·千克$^{-1}$)	优果率	收入/(元·亩$^{-1}$)	成本/(元·亩$^{-1}$)	农户(<2000 m^2)果园比率	合作组织/个	贮藏企业/个	科技人员/名
瓦房店市	1	1.2~2.5	2.8~9.4	65%	7000~12500	2600~4600	2%	952	150	373
庄河市	1	0.8~3.0	3.6	60%	1000~5000	1800~3500	12%	85	4	33
普兰店市	1	1.0~4.0	4.0~8.0	75%	1900~9300	1000~5800	10%	503	12	8
千山区	2	0.5~1.5	6.0~7.0	37%	2000~12000	500~2100	71%			16
海城市	2	0.5~1.5	5.0~8.0	30%	1000~3000	500~1200	10%	169	1	121
台安县	1	1.0~4.0	1.8~2.3	85%	5000~10000		19%			35
抚顺县	2	1.0~3.0	5.0~7.0	50%	8000~12000	3000~4000	1%	6	1	77
新宾满族自治县	2	0.2~2.0	4.0~10.0	60%	2500	1000		12		40
本溪满族自治县	6	0.5~3.8	6.0~8.0	55%	3000~15000	2000~4000	20%	4		103
清原满族自治县	3	0.8~4.5	3.0~6.0	55%	1000~20000	500~4000	10%	36		18
东港市	1	0.5~3.1	2.1~6.2	75%	2500~7000	1000~2500		17	1	26
凤城市	3	0.5~2.5	3.0~4.4	80%	1500~8000	800~4500	10%	70		5
宽甸满族自治县	2	1.0~2.5	4.0~5.0	65%	3000~6000	1500~2500	10%	51		40

凌海市	1	1.0~5.0	4.0~5.0	60%	3000~10000	1500~6000	31%	22		44
北镇市	4	1.8~3.5	2.4~5.0	80%	6500~13000	980~1100	75%	364		18
黑山县	2	1.5~4.0	5.0~7.0	75%	2500~10000	1000~3000	7%	39		10
义县	2	1.5~4.0	5.0~6.0	75%	3000~13500	1000~4000	12%	51		12
盖州市	1	1.0~4.0	4.0~6.0	70%	7500~15000	1500~5000		1320	30	176
大石桥市	1	0.5~3.5	3.6~6.0	60%	2500~15000	1000~6000	1%	30	6	8
阜新蒙古族自治县	2	0.2~3.0	3.0~6.0	60%	2000~7000	700~2000	10%	143		14
彰武县	2	0.5~1.5	5.0~6.0	70%	2000~6500	700~2000		22		41
太子河区	1	1.0~3.0	2.0~6.0	40%	3000~4000	500~1000	20%			2
灯塔市	3	1.0~3.0	2.0~5.0	40%	5000~10000	1500~4000	15%			
辽阳县	2	3.0~4.0	7.0~12.0	25%			10%	54		101
清河区	3		2.0~10.0							2
开原市	2	1.0~1.5	1.8~2.8	80%	2000~3000	250~300				
铁岭县	2	1.5~3.5	3.5~5.0	70%	3000~8000	1000~3000	30%	51	1	16
昌图县	2	2.0~3.0	1.0~6.0	60%	2000~3000	1000~1500	10%			60

表 1-4（续）

县（区）	位次	产量/（吨·亩$^{-1}$）	果价/（元·千克$^{-1}$）	优果率	收入/（元·亩$^{-1}$）	成本/（元·亩$^{-1}$）	农户（<2000 m^2）果园比率	合作组织/个	贮藏企业/个	科技人员/名
西丰县	1	1.0~2.5	1.5~3.0	80%	1000~5000	500~2000	1%			
北票市	4	0.2~2.0	6.0~8.0	50%	2000~5000	500~1000	2%	6		48
凌源市	1	0.5~1.5	2.0~6.0	70%	2000~5000	250~800	10%	11		51
朝阳县	2	0.5~2.5	3.0~5.0	75%	3000~8000	500~3000	10%			58
建平县	2	1.0~2.0	3.0~8.0	60%	1800~7000	250~1000		16		41
喀喇沁左翼蒙古族自治县	1	0.8~2.6	2.0~5.0	75%	3000~7000	500~1500	4%		1	58
连山区	1	1.0~3.0	2.0~4.0	22%	1894~6738	581~936	2%	9		6
南票区	2	0.4~1.2	2.4~4.5	50%	2000~5000	1100~2200	20%	22		13
兴城市	1	0.8~2.5	3.0~4.0	50%	2000~5000	1000~3000	3%	82		14
建昌县	2	0.8~2.5	3.0~6.0	50%	2500~6000	1500~3000	4%	37		30
绥中县	1	1.0~3.5	3.0~6.4	75%	5000~15000	1800~5000	12%	276	2	51

注：1. 表中数据来源于 2015 年辽宁省主要果树树种、品种区划调查结果。

2. 表中的“位次”表示苹果在该地区果树树种中种植面积的排名名次。

五、苹果生态区划分

根据辽宁省苹果生产状况和生态环境条件，结合近30年辽宁省苹果产业发展经验与教训，本分册将辽宁省苹果栽培区划分为生态最适宜、生态适宜、生态次适宜三个等级的苹果生产区域类型，供栽培者参考。

1. 生态最适宜区

生态最适宜区自然条件综合、优越，能够生产出口创汇的优质苹果。该区域年平均气温为11.0~12.5 ℃，冬季较温暖，夏季无酷暑，一年中不低于35 ℃的天气少于5 d，9月平均气温为21 ℃左右；土壤以沙壤质棕壤土为主，呈微酸性至中性，pH值为6.5~7.2，土壤通透性较好，土壤空隙度大于12%，有效土层厚度不低于80 cm；地貌多为低山、丘陵，丘陵地海拔为200~300 m。该区域苹果栽培历史悠久，栽培管理技术水平高。

2. 生态适宜区

生态适宜区自然条件较好，虽有一定的不利因素，但容易改造或补救，生产的苹果质量较高。该区域年平均气温为12.0~14.0 ℃，一年中不低于35 ℃的天气为10 d左右，9月平均气温为20 ℃左右；土壤以各类粗骨土为主，呈中性至微碱性，pH值为7.0~7.5，土壤空隙度大于10%，有效土体厚度不低于60 cm；地貌多为中低山、丘陵，海拔高度一般为200~600 m。该区域苹果栽培历史较长，栽培管理技术水平较高。

3. 生态次适宜区

生态次适宜区气候冷凉，年平均气温为6.5~9.5 ℃，夏季平均气温为20~30 ℃，夏季平均最低气温为14~18 ℃，一年中不低于35 ℃的天气少于15 d，1月平均气温为-12~-10 ℃，无霜期为130~180 d，有效积温为2900~3600 ℃，日照时数为2700~

3100 h。该区域昼夜温差大，日照充足，果实着色好，但无霜期较短，晚熟品种生长期不够。

第二节 品种区划

根据辽宁省苹果主要生产县（区）温度、降水、土壤状况及产业基本情况，结合近30年发展的主要苹果品种的产量、质量、效益及适宜性表现，本分册将辽宁省苹果种植区域划分为六个生态栽培区，供辽宁省果业管理部门、技术推广单位及苹果种植者参考。

一、渤海湾两侧优质大苹果最适宜栽培区

1. 区域范围

这一区域包括大连的旅顺口区、金州区、瓦房店市，葫芦岛的绥中县及营口盖州市的南部。

2. 气候环境特点

该区域1月平均气温为-8 ℃以上，年降水量为600～700 mm，无霜期为170 d以上，生长季空气相对湿度为中等及以下；土壤以草甸土潮土为主。

3. 现有栽培品种表现

该区域主要栽培品种为富士系优良芽变品种，辅栽品种有王林、寒富、元帅、国光、乔纳金、鸡冠、斗南、嘎拉、印度、金冠等。近30年来，该区域各品种冻害发生频率均较低。富士系苹果生长结果良好，效益最好，苹果枝干轮纹病发病情况较轻，发病程度为中度及以下；王林、嘎拉等品种生长结果正常，效益较好；寒富内在品质欠佳，斗南苦痘病发生严重，元帅、国光、乔纳金、鸡冠、印度、金冠等效益较差，它们的栽培面积逐年缩

减。

4. 适宜发展品种

该区域果农果园管理水平较高，技术力量较强。该栽培区未来栽培品种仍应以鲜食晚熟品种为主，建立优质苹果生产基地，产品主攻国内外高档果品市场，满足国内及东南亚市场需求；应适当规模地发展早熟、中早熟、中晚熟红色新品种。晚熟品种应以烟富3号、秋富红、望山红等优系富士为主，适当发展秦脆、瑞雪、岳冠等新品种；早中熟类品种可发展华硕、鲁丽、福九红、岳艳、嘎拉、凉香等品种，其他新品种应引种试栽成功后发展。

二、渤海湾两侧优质大苹果适宜栽培区

1. 区域范围

这一区域包括葫芦岛的兴城市、建昌县、南票区、连山区，锦州的凌海市，营口的盖州市，大连的普兰店区及朝阳的凌源市南部、朝阳县南部。

2. 气候环境特点

该区域气候条件主要包括两种类型：一是1月平均气温为-9 ℃以上，年降水量为500~700 mm，无霜期为160 d以上，具有这一气候条件的区域主要为葫芦岛、锦州及营口地区；二是1月平均气温为-8 ℃以上，年降水量为500~600 mm，无霜期为170 d以上，生长季空气相对湿度较大，苹果轮纹病发生较重，具有该气候条件的区域主要为普兰店地区。该栽培区土壤以草甸土潮土为主。

3. 现有栽培品种表现

该区域主栽品种有寒富、金冠、国光和富士系优良芽变品种，辅栽品种有王林、乔纳金、津轻、印度、藤牧1号、嘎拉、

山沙、斗南等。近30年来，国光、金冠等品种虽然生长结果良好，冻害发生频率较低，果实的内在品质较好，但其外观品质相对较差，缺乏市场竞争力。在降水量较大的普兰店等地，富士品种轮纹病发生严重，死树、毁园现象普遍发生；在降水量相对较少的葫芦岛、锦州等地区，富士品种春季抽条较重，严重影响果园的整齐度，减产、降质明显。寒富苹果虽然产量较高，但内在品质表现一般，其部分栽培区域的斗南苦痘病发生严重。乔纳金、津轻、印度、藤牧1号等品种效益较低，王林、嘎拉、山沙等品种表现较好，效益较高。

4. 适宜发展品种

该区域果农的管理水平参差不齐，品种更新速度较慢，国光、金冠等老品种占有很大比例。因此，果农应根据不同土壤、气候条件的区域性差异，选择和发展效益较高的优新品种，逐步减少老品种的栽培面积，进一步调整品种结构，提高产业整体效益。在兴城市、南票区、连山区、建昌县、凌源市、盖州市等小气候条件较好的部分地区，果农可适当发展烟富3号、望山红等优系富士品种；其他大部分地区应重点发展鲜食品种，如华硕、鲁丽、嘎拉、凉香、岳阳红、岳艳、岳冠等，且保留适当面积的金冠、国光等传统品种，调减寒富苹果栽培比例。此外，该栽培区应积极扶持深加工企业，可少量发展加工专用品种。瑞阳、瑞雪、秦脆、秦蜜、福九红等新品种应引种试栽成功后发展。

三、西北部抗寒优质大苹果适宜栽培区

1. 区域范围

这一区域包括朝阳的凌源市、喀喇沁左翼蒙古族自治县、朝阳县，锦州的义县，阜新的阜新蒙古族自治县。

2. 气候环境特点

该区域1月平均气温为-10 ℃左右，年降水量小于500 mm，

无霜期为150 d以上，生长季空气相对湿度较小；土壤以草甸土潮土为主。

3. 现有栽培品种表现

该区域主栽品种有寒富、金冠、国光和富士，辅栽品种有乔纳金、藤牧1号、嘎拉等。近30年来，国光苹果虽然生长结果良好，冻害发生频率较低，果实的内在品质较好，但其果个小、外观品质相对较差，缺乏市场竞争力。富士苹果仅在凌源市及朝阳县的南部有少量栽培，春季抽条时有发生，果园整齐度差，果实糖度高、硬度大、果个小，效益相对较好。寒富及金冠苹果无冻害发生，产量较高，外在和内在品质均较好。在管理水平较高的果园中，乔纳金、藤牧1号、嘎拉等品种效益亦较高。

4. 适宜发展品种

该区域果农管理水平总体较差，品种更新速度较慢，国光、金冠等老品种占有很大比例。因此，果农应根据管理水平、土壤、气候条件的区域性差异，选择和发展效益较高的优新品种，逐步淘汰老残果园，减少低效园面积，进一步提升果园管理水平，提高产业整体效益。在凌源市及朝阳县的南部等小气候条件较好的部分地区，果农可适当发展凉香、红将军、望山红等优系富士品种；其他地区应重点发展华硕、鲁丽、优系嘎拉、岳阳红、岳艳、岳冠、锦绣海棠等优新品种，保留适当面积的金冠、国光等传统品种，严格控制寒富苹果栽培面积。其他新品种应引种试栽成功后发展。

四、中南部、中部及中北部抗寒大苹果适宜栽培区

1. 区域范围

这一区域包括营口的大石桥市，锦州的黑山县，鞍山的海城市、台安县，辽阳的辽阳县、灯塔市，沈阳的辽中区、新民市、

苏家屯区、浑南区、于洪区、沈北新区、康平县、法库县，阜新的清河门区、彰武县，抚顺的抚顺县，本溪的本溪满族自治县，铁岭的铁岭县等地。

2. 气候环境特点

该区域气候与土壤条件主要包括两种类型。一是1月平均气温为-10 ℃左右，年降水量为500~700 mm，无霜期为155 d以上；土壤以草甸土潮土为主。二是1月平均气温为-12 ℃以上，年降水量为500~700 mm，无霜期为150 d以上；土壤以棕壤土、棕壤草甸土为主，较肥沃，有机质含量较高。

3. 现有栽培品种表现

近30年来，该区域栽培过的品种主要有富士、伏锦、国光、金冠、新红星、乔纳金、锦红、金红、新苹一号、七月鲜、龙冠、锦绣海棠、山沙、嘎拉、寒富、岳阳红、岳艳、岳冠等。其中，富士苹果因冻害严重被生产淘汰；国光、金冠、新红星、乔纳金等品种，在1月平均气温为-10 ℃左右的营口、锦州、辽阳、鞍山等地生长结果正常，但效益较低，栽培面积逐年缩小；锦红、金红、新苹一号等品种，在1月平均气温为-12 ℃以上的沈阳、抚顺、铁岭等地，有较好的适应性，但其果实售价较低，栽培面积很小；七月鲜、龙冠、锦绣海棠、山沙、嘎拉、寒富、岳阳红、岳艳、岳冠等品种，目前生产上呈上升趋势。

4. 适宜发展品种

该栽培区在1月平均气温为-10 ℃左右的营口、锦州、辽阳、鞍山等地，应重点发展鲁丽、华硕、嘎拉、寒富、岳阳红、岳艳、岳冠等品种；在1月平均气温为-12 ℃以上的沈阳、抚顺、铁岭等地的生态气候条件较好区域，主要发展寒富、岳阳红、岳艳、岳冠等品种；其他区域可适当发展锦绣海棠、龙丰、龙冠等品种。其他新品种应引种试栽成功后发展。

五、东部大苹果适宜栽培区

1. 区域范围

这一区域包括大连的庄河市，丹东的东港市、宽甸满族自治县、凤城市，鞍山的岫岩满族自治县。

2. 气候环境特点

该区域1月平均气温为-9 ℃左右，年降水量为800 mm以上，无霜期为160 d以上，生长季空气相对湿度较大；土壤以草甸土潮土为主。

3. 现有栽培品种表现

近30年来，该区域栽培过的品种主要有富士、国光、金冠、乔纳金、津轻、印度、藤牧1号、嘎拉、山沙、鸡冠、华红、寒富等。其中，富士品种因轮纹病发生严重被生产淘汰，国光、金冠、乔纳金、津轻、印度、藤牧1号、嘎拉、山沙、鸡冠等品种因果实品质差、生产效益低亦不被生产利用，现仅有华红、寒富等品种生产规模较大。

4. 适宜发展品种

根据该区域土壤、气候条件，果农应重点发展高抗苹果枝干轮纹病品种，加大苹果深加工发展力度，适当发展加工鲜食兼用品种，提高产业整体效益。该区域适宜发展的鲜食品种主要有寒富、岳阳红、岳艳、嘎拉、鲁丽等，秦脆、瑞雪、福九红等新品种应引种试栽成功后发展。

六、东北部大苹果次适宜栽培区

1. 区域范围

这一区域包括抚顺的新宾满族自治县、清原满族自治县，本溪的本溪满族自治县、桓仁满族自治县，铁岭的清河区、开原市、昌图县、西丰县。

2. 气候环境特点

该区域1月平均气温为-12 ℃以下，年降水量为500~700 mm，无霜期低于150 d；土壤以棕壤土、棕壤草甸土为主，土质较肥沃，有机质含量较高。

3. 现有栽培品种表现

近30年来，该区域栽培过的品种主要有国光、金冠、新红星、乔纳金、锦红、金红、新苹二号、七月鲜、龙冠、锦绣海棠、山沙、嘎拉、寒富、岳阳红、岳艳、岳冠等。其中，国光、金冠、新红星、山沙、嘎拉、乔纳金等品种因冻害及苹果腐烂病发生严重，在生产上已被淘汰；寒富苹果花芽经常受冻，部分地区苹果腐烂病发生严重；岳阳红、金红、新苹二号、七月鲜、龙冠、锦绣海棠等品种生产表现较好，较适应当地气候条件；其他品种栽培时间较短，缺乏实践依据。

4. 适宜发展品种

在该栽培区小气候较好的地区，果农应重点发展寒富、岳阳红、锦绣海棠等优质抗寒品种；在其他区域，应适当发展七月鲜、金红、新苹二号、龙冠、锦绣海棠等优质抗寒小苹果品种。

第二章　优良品种

第一节　早熟品种

一、华硕

1. 育种基本情况

华硕是由中国农业科学院郑州果树研究所以大果型的早熟品种美国8号为母本、中熟品种华冠为父本杂交而成的苹果品种。2009年，华硕苹果通过河南省林木品种审定（编号：豫S-SV-MP-001-2009）。专家综合分析认为，该品种是一个大果型、红色、优良早熟苹果品种，适宜在河南苹果适栽培区推广。

2. 生物学特性

在郑州地区，华硕品种在3月中旬萌动，4月上旬盛花，盛花期为5~7 d。其花蕾呈粉红色，盛花期花瓣呈白色。华硕果实在7月下旬上色，8月初成熟，果实发育期为110 d左右，成熟期介于美国8号与嘎拉之间。该品种在11月上旬落叶，营养生长期为250~260 d。

3. 植物学特性

华硕树姿直立，树势强健；一年生枝条呈红褐色，皮孔中大，平均长度为87 cm，节间为2.9 cm；叶片呈浓绿色，叶尖渐尖，叶缘呈锐钢齿形，叶片平展、中大，叶背茸毛较多，叶姿斜向上，叶柄平均长度为 2.6 cm，叶片平均长度为 9.8 cm、宽度为 5.7 cm；每花序为 7 朵花，花蕾呈粉红色，花瓣呈卵圆形、离生。

4. 主要经济性状

华硕果实近圆形（如图 2-1 所示），稍高桩；平均纵径为 7.8 cm，横径为 8.7 cm；果实较大，平均单果质量为 232 g。果实底色为绿黄色，果面着鲜红色，着色面积达 70%，个别果实可达全红。果面平滑，蜡质多，有光泽；无锈，果粉少；果点中而稀，呈灰白色。果梗中长、粗，平均长度为 2.4 cm；梗洼深、广。萼片宿存，直立，半开张；萼洼广、陡、中深，有不明显的突起。果肉呈黄白色，肉质中细、松脆。采收时果实去皮硬度为 10.1 kg/cm^2；汁液多，可溶性固形物含量为 13.1%，可滴定酸含量为 0.34%，风味酸甜适口、浓郁，有芳香；品质上等。果实在普通室温下可贮藏 20 d，在冷藏条件下可贮藏 3 个月。

图 2-1 早熟苹果品种华硕

华硕枝条萌芽率中等，成枝力较低，易形成短果枝和腋花芽结果，早果性好。其幼树定植后个别单株第二年即可少量成花，第三年正常结果，第四年以后进入盛果期，产量可达 3×10^4 kg/hm^2 以上；高接树一般第二年即可正常结果，第三年进入盛果期。华硕幼树以中果枝和腋花芽结果为主，随树龄增大逐渐以短果枝和中果枝结果为主。华硕坐果率高，自然授粉条件下平均花序坐果率为 81.2%，每花序平均坐果数为 2.5 个。

5. 抗逆性

根据研究人员在选种圃内多年的观察和各地引种试栽的情况，该品种植株生长健壮，枝叶繁茂，无严重的苹果斑点落叶病、白粉病等叶部病害的发生。由于果实在 7 月底已成熟采收，避开了苹果的炭疽病、轮纹病等发病时期，故其与美国 8 号、嘎拉等其他主栽品种相比，无特别严重的虫害发生。但如果该品种生长在成熟前持续高温、干旱时间较长的果园内，果实会出现日灼和糖蜜病现象。

二、鲁丽

1. 育种基本情况

鲁丽苹果是由山东省果树研究所以藤牧 1 号为母本、嘎拉为父本杂交而成的大果型、红色、早熟苹果品种。2017 年，鲁丽苹果通过山东省林木品种审定。2018 年，威海奥孚苗木繁育有限公司与山东果树研究所经过谈判协商，就早熟苹果新品种鲁丽的所有权、使用权达成转让协议，转让费用为 1000 万元，打破了目前我国苹果新品种权最高转让费纪录。该品种的培育和转化，为我国调整苹果产业结构奠定了坚实基础，实现了科技与产业和市场的紧密结合。2019 年，鲁丽苹果获得植物新品种权。

2. 生物学特性

在山东泰安地区，鲁丽品种在 3 月末萌芽，4 月中旬盛花，7 月中旬果实着色，7 月底至 8 月上旬成熟，成熟期介于藤牧 1 号与嘎拉之间，果实发育期为 110 d 左右，11 月中旬落叶。

3. 植物学特性

鲁丽树姿半开张，树势中庸偏强；一年生枝条呈红褐色，平均长度为 80 cm，节间为 2. 8 cm；叶姿斜向上，叶面抱合，叶片呈卵圆形，叶尖渐尖，叶缘呈复锯齿形，平均叶片长6. 6 cm、宽 3. 2 cm；平均每花序为 5 朵花，花蕾呈红色，花瓣呈圆形、邻接。

4. 主要经济性状

鲁丽果实呈圆锥形（如图 2-2 所示），高桩，果形指数为 0. 95，平均单果质量为 215. 6 g，果实大小整齐一致。果面盖色鲜红，底色为黄绿色，着色类型片红，着色程度在 85%以上。果面光滑，有蜡质，无果粉。果点小，中疏、平。果梗中，中粗，梗洼深广、无锈。果心小，果肉呈淡黄色，肉质细、硬脆，汁液多，甜酸适度，香气浓。果实去皮硬度为 9. 2 kg/cm^2，可溶性固形物含量为 13. 0%，可溶性糖含量为 12. 1%，可滴定酸含量为 0. 3%。果皮中厚，比较耐运输。

图 2-2　早熟苹果品种鲁丽

鲁丽品种结果早，当年栽植，第二年挂果。其易管理，树势中庸，无用枝少，易成花，丰产性好。

5. 抗逆性

该品种抗逆性强，具有高抗炭疽叶枯病、白粉病、黑实病、红点病的特点。

三、绿帅

1. 育种基本情况

绿帅是由辽宁省果树科学研究所从金冠实生后代中选育出的中早熟苹果新品种。2003 年，绿帅苹果通过辽宁省非主要农作物品种登记（编号：辽登果〔2003〕94 号）。专家综合分析认为，该品种是一个大果型、绿色、优良早熟苹果品种，适于在 1 月平均气温为−11 ℃线以南地区栽培，在 1 月平均气温为−12～−11 ℃线可实行高接栽培。

2. 生物学特性

在熊岳地区，该品种在 4 月中旬萌动，4 月末盛花，盛花期为 5~7 d。花蕾呈淡粉红色，盛花期花瓣呈白色；果实在 8 月上旬成熟，比藤牧 1 号晚 15 d；果实发育期为 90 d 左右，属中早熟品种。该品种在 11 月上旬落叶，营养生长期为215 d。

3. 植物学特性

绿帅树姿半开张，树势强；一年生枝条呈红褐色，皮孔中多，平均长度为 73. 6 cm，节间为 2. 2 cm；叶片呈浓绿色，叶尖渐尖，叶缘呈钝锯齿形，叶片内卷、大，叶背茸毛疏，叶姿直立，叶柄平均长度为 2. 8 cm，叶片平均长度为 11. 04 cm、宽度为 6. 50 cm；每花序为 5 朵花，花蕾呈粉白色，花瓣呈椭圆形、分离。

4. 主要经济性状

绿帅果实呈短圆锥形（如图 2−3 所示），纵径为 7. 69 cm，横径为 9. 05 cm，果形指数为 0. 85，果形端正；平均单果质量为 245 g，最大单果质量为 470 g；果面平滑光洁，蜡质少，果点大而稀；果梗短粗，梗洼深、陡，稍有梗锈；萼片闭合，萼洼中广、有肋；果实底色呈淡绿至黄绿色，果皮薄、脆；果肉呈白色至黄白色，质地松脆，肉质中粗，采收时果实去皮硬度为 8.1 kg/cm^2；果汁多，可溶性固形含量为 12.78%，总糖含量为 10.89%，总酸含量为 0.34%，维生素 C 含量为 3.9 mg/100 g；风味甜酸、爽口、清香，品质上佳；果实在室温下可存放 15 d。

图 2-3　早熟苹果品种绿帅

绿帅萌芽率、成枝力和连续结果能力均较强，一年生长枝形成腋花芽能力强，40 cm 以上长枝中有 61.3%能形成腋花芽，平均每枝有腋花芽 10.9 个。绿帅苹果结果早，一般栽后二至三年结果，丰产，四年生树平均株产达 23 kg。其高接换头效果更加明显，三年生苹果树高接后第二年产量可达 34 kg。绿帅自花结实率低，藤牧 1 号、长富 2 号、新红星等品种适宜作绿帅的授粉品种。

5. 抗逆性

绿帅花芽及顶梢的抗寒能力低于金冠，高于藤牧 1 号，在个别年份其一至三年生幼树有一定的抽条现象，但不影响树体生长。绿帅品种对苹果腐烂病、粗皮轮纹病的抗病性和金冠、藤牧 1 号一致；对苹果叶片斑点落叶病的抗病性高于藤牧 1 号，与金冠品种相似。

四、七月鲜

1. 育种基本情况

七月鲜苹果是由辽宁省果树科学研究所以佚名大苹果与铃铛果杂交而成的早熟苹果品种。其代号为K9，于1954年被选为优系，1958年命名，随后辽宁、黑龙江、吉林、内蒙古自治区、新疆维吾尔自治区、河北等地区开始陆续引种试栽。2006年，七月鲜苹果通过辽宁省非主要农作物品种备案（编号：辽备果〔2006〕113号）。该品种以抗寒、抗病性强，丰产性好，易栽培管理，果实品质优良，外观艳丽，市场售价高等特点，深受我国苹果栽培北部地区的欢迎。

2. 生物学特性

在辽宁熊岳地区，该品种在4月上旬萌芽，4月末或5月初开花，7月下旬至8月中旬果实成熟，果实成熟期可持续10~15 d。在黑龙江省牡丹江地区，该品种在4月中旬萌芽，5月中旬开花，7月中旬新梢停止生长，7月末果实开始着色，8月中下旬成熟，10月中旬落叶。

3. 植物学特性

七月鲜树姿较开张，树冠呈圆形，树干呈灰褐色，主枝呈黄褐色。一年生枝呈赤褐或淡紫褐色，直立生长，茸毛极少；皮孔小而密，不明显。叶片呈狭椭圆形，叶平均长11.53 cm、宽5.20 cm，呈淡绿色，叶面平，叶背无茸毛；叶尖为突尖，叶基呈楔形，叶缘呈波状，具有复式钝锯齿。每花序着花5朵，花冠呈白色。

4. 主要经济性状

七月鲜果实呈卵圆形（如图2-4所示），平均纵径为4.87 cm，横径为4.83 cm；单果质量为46.8~55.7 g，平均单果质量为 50.7 g，最大单果质量为 82 g；果实颜色鲜艳，底色呈绿黄至橙黄色，果面光滑，富光泽，外观美；可溶性固形物含量为 13.94%，可溶性糖含量为 10.94%，可滴定酸含量为 1.22%，维生素 C 含量为 18.75 mg/100 g，果实硬度为10.99 kg/cm^2。七月鲜果粉薄，蜡质少，果点小而少，呈椭圆形，果点明显；果梗中粗、中长，梗洼狭而浅；萼片小、细长，基部周围有突起，萼洼浅平；果皮薄脆，果心大；果肉黄白色，肉质中粗、脆，汁液多，风味甜酸，有香气，品质中上。

图 2-4　早熟苹果品种七月鲜

七月鲜树体生长势强，幼树生长直立，结果后渐开张，六年生树高为 3 m，冠径为 1.9 m，干周为 16 cm；一年生枝平均长为 47.4 cm，平均节间长为 2.7 cm。该品种萌芽力中等，成枝力弱，枝条稀疏；栽后三年开始结果，初结果以腋花芽结果为主，八至十年后转为中、短果枝结果为主，可连续结果；花序坐果率为 82.5%，每花序坐果 2~3 个；早产、丰产、稳产性好，六年生株产 20~25 kg，十年生株产超过 50 kg。

5. 抗逆性

该品种树势强健，抗寒、抗病能力强，对我国北方寒冷地区的自然条件有很强的适应能力。黑龙江省牡丹江农科所的调查结果表明，七月鲜苹果基本可适应黑龙江省苹果产区的不同气候条件，在黑龙江省的东宁盆地温暖区、牡丹江半山温凉湿润区、松江平原温凉湿润区、西部风沙干旱区等地区可作为主栽品种发展，克拜川岗寒冷区可作为辅栽品种高接栽培。

第二节　中熟品种

一、秦阳

1. 育种基本情况

秦阳是由西北农林科技大学园艺学院果树研究所从皇家嘎拉自然杂种后代中选出的中熟品种。该品种于 2005 年通过陕西省农作物品种审定委员会审定。

2. 生物学特性

秦阳萌芽率高，成枝力中等。秦阳幼树以长果枝和腋花芽结果为主，成龄树以短果枝结果为主，自花结实能力较低，在自然授粉条件下，花序坐果率为 93.3%，花朵坐果率为 76.7%。其果实成熟期不一致，无采前落果现象。

在陕西渭北南部地区，该品种在 3 月中下旬萌芽，4 月上旬开花，7 月中下旬果实成熟；果实生育期为 103 d，落叶期在 11 月中下旬。

3. 植物学特性

秦阳树势中庸偏旺，树姿较开张，树冠呈圆锥形。多年生枝呈赤褐色，皮孔中多，呈椭圆形、白色，皮孔明显；一年生枝呈浅褐色，枝质硬，皮孔呈椭圆形，突起，灰白色；叶芽中大，三角形，贴附，茸毛中多；花芽肥大饱满，呈心脏形，紧凑，茸毛多；叶片呈纺锤形，绿色，有光泽，大而中厚，叶长 11.0 cm、宽 6. 2 cm，叶柄长 3. 4 cm，叶缘平展且呈复式锯齿形、钝、中深，叶背茸毛少，叶基呈楔形，叶尖尖。花蕾呈玫瑰红色，花瓣呈椭圆形、浅红色，花冠直径为 3. 89 cm，雄蕊为 19. 2 枚。

4. 主要经济性状

秦阳果实近圆形（如图 2-5 所示），平均单果质量为198 g，大果质量为 245 g，果形指数为 0. 86，果形端正。果实底色为黄绿色，着鲜红色条纹，色泽艳丽，光洁无锈；果肉为黄白色，肉质细脆，汁中多，风味酸甜，有香气。果肉硬度为 8. 32 kg/cm^2，可溶性固形物含量为 12. 18%，总糖含量为 11. 22%，可滴定酸含量为 0. 38%，维生素 C 含量为 7. 26 mg/100 g，品质上等。

图 2-5　中熟苹果品种秦阳

5. 抗逆性

该品种适应性广，在陕西渭北及同类生态区均可栽培。该品种抗病虫性好，研究人员通过多年田间系统观察，发现该品种高抗白粉病、早期落叶病和金纹细蛾，较抗食心虫。

6. 综合评价

该品种具有成熟早、易结果、色泽艳丽、品质优等特点，综合性状优良，适应性强，在陕西渭北及同类生态区均可栽培，具有很好的发展前景。

7. 栽培技术要点

该品种宜采用 M26，M9 自根砧或中间砧矮化栽培，株行距为（1.5~2.0）m×4 m。其授粉品种可选用藤牧 1 号、富士、粉红女士、嘎拉、美国 8 号等。

秦阳树形选用细长纺锤形或自由纺锤形。其幼树应轻剪长放，开张角度，春季萌芽前刻芽促短，增加短枝量，以缓和长势，利于早期成花结果。该品种枝组连续结果能力较强，当年果台副梢也可成花结果，结果后对衰弱枝组应及时回缩更新，保持结果枝组生长健旺，以增加单果质量。

秦阳苹果在幼树期以长果枝和腋花芽结果为主，成龄树转为中、短枝结果，并以短果枝结果为主。该品种萌芽率高，成枝力中等，易形成短枝，成花率高，自然结果能力强，应注意花前复剪，严格疏花疏果，合理控制负载量，生产上可按照 15~20 cm 间距选留 1 个中心果，按照每亩 2000~2500 kg 产量留果。该品种成熟期不一致，为提高商品性可分 1~2 批采收。

二、弘前富士

1. 育种基本情况

弘前富士是研究人员在日本青森县北郡板柳町富士果园中发现的易着色的早熟富士品种。

2. 生物学特性

弘前富士萌芽率为 55%，成枝率为 31%。该品种当年新梢生长量较大，树冠扩展迅速，八年生树采用主枝主干多点插接，三年即可达到原有树体大小。三年生 M26 中间砧嫁接树树高为 3.5 m，冠径为 3.2 m，干周为 18 cm。其花序自然坐果率为 68%，花朵坐果率为 24%，无采前落果现象，丰产。

弘前富士在 4 月初叶芽萌动，4 月下旬开花，9 月下旬成熟。

其果实生育期为 145 d 左右，成熟期比富士早 35~40 d。

3. 植物学特性

弘前富士属长枝型品种，一年生枝呈淡褐色、细长，多年生枝呈黄褐色。皮孔多，呈圆形或椭圆形，黄褐色，微突出。叶中大，复锯齿顺缘，先端渐尖，叶脉突起，叶柄呈淡紫红色。每花序大多为 4 朵花，花蕾呈红色，初开时呈淡粉红色，开放后呈白色。

4. 主要经济性状

弘前富士果实近圆形（如图 2-6 所示），果形端正，果形指数为 0.83，平均单果质量为 248 g。果面呈条状鲜红色，果点呈圆形；果肉呈黄白色，汁多、松脆、酸甜适中，可溶性固形物含量为 16.2%，果肉硬度为 10.9 kg/cm^2，品质佳，其耐贮性与富士相同。

图 2-6　中熟苹果品种弘前富士

5. 抗逆性

与晚熟红富士品种相比，弘前富士果实商品率较高，病虫害较轻，其原因是早采有利于树体养分的积累。

6. 综合评价

该品种具有丰产、果形整齐、着色鲜艳、品质上等的优点，综合性状优良，具有很好的发展前景。

7. 栽培技术要点

该品种适宜栽培区域范围广，主要适于在海拔700~1100 m、土壤立地条件好、交通便利的地区发展。

该品种选用M26中间砧一级苗，株行距为3 m×4 m，按照1∶7~1∶5配置授粉树；采用小坑栽植的方式，以减少对土壤结构的破坏，确保地下毛管水供应。该品种栽培的底肥可少施或不施，当年生长所需养分一般土壤皆能满足。矮化砧在灌区露出高度为10~15 cm，非灌区露出高度为5 cm。分两次覆土，第一次覆土至实生砧与矮化砧嫁接处，成锅底状，这样既有利于提高地温缩短缓苗期，又使矮化砧不产生不定根，使苗木有限的养分优先供应叶芽生长；第二次覆土应在秋季结合施肥进行。定干、剪留的多少依据苗木挖植时对根系损伤程度来定，做到地上、地下平衡。

该品种采用自由纺锤形或细长纺锤形，主干与主枝枝龄差保持在两年以上，主枝与侧枝枝龄差保持在一年以上，利用刻、拉、拿、变、切等促花措施加快花芽形成，以利于早果和树势的稳定。新建果园栽植四年后产量可达每亩2000 kg。

三、丽嘎拉

1. 育种基本情况

丽嘎拉是嘎拉的芽变，由大连市甘井子区辛寨子镇小辛寨子村与辽宁省果树科学研究所从新西兰引进，于2012年10月通过辽宁省非主要农作物品种备案。

2. 生物学特性

丽嘎拉生长势强，幼树生长较旺盛，萌芽率高，成枝力强。其成花能力强，腋花芽较多，初结果树以腋花芽结果为主，盛果期大树以中、短果枝结果为主。长、中、短果枝所占比率分别为27.9%，28.4%，43.7%，枝条连续结果能力强，采前落果较轻。

在辽宁省营口市，丽嘎拉在4月中旬花芽萌动，4月末至5月初开花，9月初成熟，果实发育期为120 d，落叶期在11月初，年营养生长期为210 d。

3. 植物学特性

丽嘎拉树姿开张，一年生枝条呈灰褐色，无茸毛。叶片呈深绿色，叶片平均长10.4 cm、宽5.1 cm，叶柄长3.4 cm、粗2.0 mm，叶尖渐尖，叶缘呈复锯齿形，叶姿斜向上，叶面平展。该品种每个花序有5朵花，每朵花平均有雄蕊19.8个、柱头5个，雌蕊数量一般少于雄蕊；花瓣为单瓣、卵圆形，花瓣邻接，呈淡粉红色。

4. 主要经济性状

图2-7　中熟苹果品种丽嘎拉

丽嘎拉果实呈长圆锥形（如图2-7所示），果形指数为0.86。平均单果质量为258 g，最大单果质量为349 g，果个大小整齐。果实底色呈绿黄色，全面着鲜红色，片红。果肉呈淡黄色，肉质硬脆、粗，汁液中多，风味酸甜，有芳香味，品质上等。可溶性固形物含量为12.20%，可滴定酸含量为0.35%，维生素C

含量为1.77 mg/100 g，果实硬度为9.02 kg/cm^2。该品种在冷藏条件下可贮藏至12月底。

5. 抗逆性

丽嘎拉对病虫抗性、抗寒性与对照品种嘎拉没有明显区别。

6. 综合评价

丽嘎拉果个大、着色好、早果、丰产、连续结果能力强、适应性较好，并保持了嘎拉苹果所特有的风味，在辽宁省大苹果产区有广阔的应用前景。

7. 栽培技术要点

丽嘎拉乔化栽培栽植行株距为4 m×（3~4）m，矮化栽培栽植行株距为4 m×（2~3）m。其授粉品种可选用红王将、寒富、岳帅、金冠和山沙等，主栽品种与授粉品种的栽植比例为8∶1。

丽嘎拉树形宜选用纺锤形，树高控制在3.0~3.5 m，主枝控制在15个左右。该品种应重视夏剪，采取刻、拉、疏等措施促发分枝，注意开张主枝角度，缓和生长势，及时疏除主干上的竞争枝；同时对主干进行刻芽促发新生分枝，促进树体尽快成形。其幼树冬剪以长放为主，结果后适度回缩，尽量多留枝，有发展空间的枝条适当短截，少疏枝，多留多放枝条，促使树冠迅速扩大，以利于早结果。盛果期树修剪注意合理负载，平衡树势，保持上部枝条的开张角度大于下部枝条的开张角度。果农对老化的枝条应加强更新，结果枝的枝龄应维持在二至四年，以防止结果枝老化而导致树势衰弱。每年秋季，每亩丽嘎拉树应施腐熟猪粪3000~5000 kg，每年在开花前和6月中旬各追肥一次。

四、山沙

1. 育种基本情况

山沙苹果是由日本和新西兰合作以嘎拉和茜杂交培育而成的中熟苹果品种。

2. 生物学特性

山沙树势中庸偏弱，树姿直立，枝条细长、柔软；易抽生长枝，高接当年，新梢的平均长度为 106.7 cm；易抽生二次枝，平均抽生 11 条，平均长度为 53.3 cm。山沙高接后第三年每亩枝量为 91784 条，其中长枝占 25.1%，中枝占 15.1%，短枝占 59.8%。四年生树萌芽率为 72%，成枝率为 33%。该品种易成花，丰产性好，高接树当年即可形成腋花芽，第二年花枝率达 32.5%；短果枝多，高接后第二年每亩果枝质量为 369 kg，第三年每亩为 2229 kg，第四年每亩为 2038 kg。

该品种在 4 月初萌芽，4 月末至 5 月初开花，8 月下旬成熟，果实发育期为 100~110 d，在 11 月初落叶。

3. 植物学特性

山沙一年生枝呈褐色，新梢呈浅褐色，皮目少、小、散生，形状扁圆。该品种节间距为 2.77 cm。叶芽大，贴生；花芽大，呈长尖形。叶片稍卷，渐尖，呈浅绿色，锯齿大，叶面光，叶背茸毛少，平均长度为 10.1 cm，平均宽度为 5.5 cm。叶柄较长。花朵中大，花瓣呈浅粉红色。

4. 主要经济性状

图 2-8　中熟苹果品种山沙

山沙果实呈圆形（如图 2-8 所示），果形指数为 0.85，平均单果质量为 165 g。其果实底色呈黄绿色，着淡红色；果肉呈乳白色，肉质细脆，汁液多；可溶性固形物含量为 13.2%，可滴定酸含量为 0.24%，果实硬度为 8.9 kg/cm^2，风味酸甜，口感舒爽，品质上等。山沙苹果在常温下可贮藏 20 d 左右，果肉仍不绵。

5. 抗逆性

该品种适应性较强，无霉心病、生理落果现象；有锈斑，个别果实的果面或萼洼处略重。山沙叶片的斑点落叶病稍重，明显比其他苹果品种黄，当树势衰弱或受旱、涝灾害时，叶片黄化现象尤重。山沙品种坐果过多，树势极易衰弱。

6. 综合评价

该品种作为一个早熟、早果、丰产且色泽艳丽、酸甜适度、口感极佳的苹果品种，有着较好的发展前景，可在局部地区适量集中发展。

7. 栽培技术要点

该品种株行距为 3 m×4 m，栽培时应挖长、宽、深为60 cm×60 cm×50 cm 的定植穴，施入优质腐熟的猪粪 20 kg，与土壤充分混合。山沙树所需氮磷钾营养的搭配比例，在幼树期为 2∶2∶1，在结果期为 2∶1∶2。山沙树在盛果期的施肥量为每 100 kg 果施纯氮 1 kg、纯磷 0.56 kg、纯钾 1.1 kg。秋施肥以农家肥为主，选择优质腐熟的猪粪，配合适量化肥，每年 8 月中旬挖深 40 cm 的施肥沟施入，并及时灌水。次年 4 月上旬或 5 月中旬，追施氮肥，适当配合磷肥，保证花芽继续分化，提高坐果率，并促进幼果发育、根系和新梢生长；6 月下旬或 7 月上旬，追肥以钾肥为主，适当配合氮肥或磷肥，促进果实膨大和花芽分化。花前、花后及幼果发育期应及时灌水，保证开花坐果和幼果细胞分裂。在果实膨大期遭遇干旱时，应及时给山沙树灌水；入冬结冻前，应灌一次封冻水；雨季时，应及时排除果园内积水。

山沙树形宜选择自由纺锤形。山沙树定植后，在距地面90 cm处定干；萌芽后，应及时剥掉剪口下第一芽，以减少竞争枝。第二年冬春季修剪时，中心干延长枝、侧分枝都短截1/3，以促进分枝。中心干上发出的侧分枝，在半木质化时，用牙签在基部开角。第三年冬春季修剪时，对第一年和第二年中心干上的发育枝，定向选留东南、西北、西南、东北方向的枝破顶缓放；中心干延长枝轻截，疏除第二、第三竞争枝，保持中心干优势。第四年冬春修剪时，中心干延长枝不短截，只疏除第二、第三竞争枝；全树选留的主枝不短截，严格控制主枝数量（8~10个）、长度和角度，以培养下垂结果枝组为主、平斜结果枝组为辅。五年生树高达到3 m时，山沙树已基本成形，这时要进行落头。山沙果个为中型果，留果量可适当大些。该品种最佳套袋时期从每年6月20日开始，到6月30日结束。

第三节　晚熟品种

一、岳冠

1. 育种基本情况

岳冠原代号为410-20，由辽宁省果树科学研究所以寒富为母本、岳帅为父本杂交育成。2014年，岳冠通过辽宁省非主要农作物品种备案办公室备案（备案编号：辽备果2014004）并正式定名。

2. 生物学特性

在辽宁熊岳地区，该品种在4月中旬萌芽，5月初盛花，5

月上中旬叶幕出现且新梢开始生长，6 月中旬第二次生理落果，6 月中下旬开始花芽分化，9 月下旬开始着色，10 月中下旬果实成熟，11 月上旬落叶。其果实发育期为 165 d 左右，营养生长期为 210 d。

3. 植物学特性

岳冠树姿开张，树势强；主干呈灰褐色，光滑。一年生枝呈黄褐色，茸毛少，平均长 65.3 cm、径粗 8.5 mm，节间长 2.3 cm。成熟叶片呈浓绿色，幼叶呈绿色，叶尖锐尖，叶缘钝锯齿，叶姿斜向上，叶面平展，叶柄长 2.4 cm，叶片长8.8 cm、宽5.5 cm，百叶质量为 75 g。每花序平均为 5 朵花，花冠直径为4.5 cm，花瓣重叠、呈粉白色、近圆形，无重瓣。岳冠枝条较软，自然生长情况下略下垂，易于整形，结果后易以果压枝。岳冠萌芽率中等，为 62.3%；成枝力中等，为 4.8 个；有腋花芽结果习性，连续结果能力强，采前不落果。岳冠品种的 S 基因型为 S_3S_9，自花结实，花朵坐果率为 30.0%。

4. 主要经济性状

图 2-9　晚熟苹果品种岳冠

岳冠果实近圆形（如图 2-9 所示），单果质量为 225 g，果实全面着鲜红色，艳丽，易着色；硬度为 9.8 kg/cm^2。岳冠果肉呈白色，肉质松脆、汁液多，可溶性固形物含量为 15.4%，可滴定酸含量为0.39%，风味酸甜、微香，品质好于寒富；果实贮藏性强于寒富，在冷藏条件下可贮藏至次年5月，且贮藏后口味更佳。

岳冠丰产性好，栽后三年见果，盛果期亩产果3000 kg左右，八年生寒富高接树亩产果2845 kg。其幼树以腋花芽和中、长果枝结果为主，盛果期以中、短果枝结果为主。

5. 抗逆性

经研究人员多年观察，岳冠在熊岳地区未发生过明显冻害。岳冠抗病力较强，经观察，未发现有苹果白粉病发生，早期落叶病发病亦较轻。田间轮纹病菌接种鉴定结果表明，岳冠一年生枝感病病级为0.21级，主干感病病级为2级，属抗病品种。

6. 综合评价

该品种为果色艳、外观美、风味浓、品质优、早果、丰产、抗性强的晚熟品种。

7. 栽培技术要点

该品种适合在辽宁营口大石桥、锦州凌海以南及气候条件相似地区栽培。栽植宜采用优质苗木建园，栽植乔砧树的株行距为3 m×4 m，矮化中间砧树以2 m×4 m为宜。授粉品种可选用富士、嘎拉、首红、金冠、岳阳红和寒富等。岳冠乔砧栽培园树形宜选用自由纺锤形，密植园树形宜选用细长纺锤形。

岳冠幼树应轻剪长放、该品种的枝条较软，自然生长情况下角度开张、下垂，利于整形和早期成花结果。岳冠树萌芽前，栽培人员应对位置合适的休眠芽进行刻芽，刺激休眠芽萌发，提高短枝比例，调节树体长势；盛果期后，应更新结果枝组，维持枝组的结果能力，提高果实品质。为提高岳冠树坐果能力，栽培人员应注意花前复剪，严格疏花疏果，合理控制负载量，生产上按照每30 cm左右选留1个中心果，使其产量控制在4.5×10^4 kg/hm^2

左右，以提高果实商品率。对于盛果期树，在果实采收后，有机肥施入量应为（3.0~4.5）$\times 10^4$ kg/hm^2，并混加少量复合肥。针对树体的发育情况，结合灌水追肥的方式，以磷肥、钾肥为主，氮、磷、钾混合使用。在岳冠树叶面和果实喷钙能有效降低岳冠苹果水心病的发病率，同时，要注意桃小食心虫、蚜虫、苹果腐烂病、轮纹病等常见病虫害防治。岳冠果实全面着鲜红色，一般在果实成熟前 15~20 d 摘袋，果实着色最佳；在 10 月中下旬，果实成熟采收。

二、岳华

1. 育种基本情况

岳华是由辽宁省果树科学研究所以寒富为母本、岳帅为父本杂交育成的晚熟苹果新品种，通过辽宁省非主要农作物品种备案（辽备果〔2009〕321 号）并正式定名。该品种是一个优良的晚熟苹果品种，其树体生长势强，丰产、优质、耐寒，抗苹果轮纹病，适应性强，适宜在辽宁省营口大石桥、锦州凌海以南及气候条件相似地区栽植。

2. 生物学特性

在辽宁熊岳地区，岳华在 4 月中旬花芽萌动，5 月初盛花，花期持续 7 d 左右，10 月中下旬果实成熟；果实发育期为 160 d 左右，成熟期比寒富晚 10 d 左右，与岳帅成熟期一致。岳华在 11 月上旬落叶，营养生长天数为 210 d。

3. 植物学特性

岳华乔化，树姿开张，树势强；主干呈灰褐色，较光滑。一年生枝呈黄褐色，茸毛少，平均长 60.9 cm、径粗 8.5 mm，节间长 2.1 cm。岳华枝条粗壮，新梢梢头与其母本寒富极其相似，节间较短。成熟叶片呈浓绿色，幼叶呈淡绿色，叶尖锐尖，叶缘钝锯齿，叶姿斜向上，叶面平展，叶柄长 2. 5 cm，叶片长 8. 0 cm、宽 5. 2 cm，百叶质量为 72 g。每花序平均为 5 朵花，花冠直径为 4. 4 cm，花瓣重叠、呈粉白色、近圆形，无重瓣。岳华自花结实，花朵坐果率为 30. 3%，其 S 基因型为 S_3S_9。

4. 主要经济性状

岳华果实呈长圆形（如图 2-10 所示），果形端正。成熟时果面着鲜红色，底色呈黄绿色。岳华平均单果质量为 215 g，最大单果质量为 325 g；果实纵径为 7. 31 cm、横径为 7. 84 cm，果形指数为 0. 94；果柄长度为 3. 2 cm，粗度为 0. 25 cm；蜡质少，果粉无，果面光滑无棱起。岳华梗洼深，无锈；萼片宿存、直立、基部连接、闭合，萼洼深、中广。采收时，果实硬度为 11. 9 kg/cm^2；果肉呈黄白色，肉质松脆、中粗，汁液多；可溶性固形物含量为 15. 5%，总糖含量为 12. 7%，可滴定酸含量为 0. 37%，风味酸甜，微香，品质上佳，耐贮藏。岳华幼树以腋花芽和中、长果枝结果为主，盛果期以中、短果枝结果为主，连续结果能力强。其高接树第二年结果，三年后进入盛果期；幼树栽后三年生每亩产量为 946 kg，五年生每亩产量为 1458 kg。岳华表现出早果、丰产的特点。

图 2-10　晚熟苹果品种岳华

5. 抗逆性

该品种抗逆性强，耐寒，抗苹果轮纹病，适应性强，无特殊病虫害发生。

6. 综合评价

该品种具有品质优良、早果、丰产、耐贮藏、抗性强、适应性广、栽培管理容易等特点。

7. 栽培技术要点

该品种适宜在辽宁省营口大石桥、锦州凌海以南及气候条件相似地区栽植。其乔砧树栽植株行距为 3 m×5 m，矮砧树为（1~2）m×（3.5~4.0）m。矮化砧可选用 GM256。与岳华花期相同、*S* 基因型不同的寒富、嘎拉、首红、金冠、岳阳红等均可作为授粉树。

岳华乔砧树宜选用自由纺锤形，矮砧密植树宜选用细长纺锤形或高纺锤形。岳华幼树生长旺盛，应轻剪长放，开张角度，并适时摘心以控制背上枝生长；结果后对衰弱枝组及时回缩更新，保持结果枝组生长健旺。生产上，按照每 30 cm 左右选留 1 个中心果，产量控制在 3.0×10^4 kg/hm^2。果实采收后，应施有机肥（3.0~4.5）$\times10^4$ kg/hm^2、复合肥 1500~2300 kg/hm^2。6—7 月结合灌水，追施 1~2 次氮磷钾三元复合肥。对于土壤钙匮乏的果园，应注意早期补钙。在病虫害防治方面，应注重防治桃小食心虫和早期落叶病。岳华果实着色对光照要求较高，一般在果实成熟前 20~25 d 摘袋，结合摘叶、转果、铺反光膜等措施提高着色度，10 月中旬采收。

三、岳苹

1. 育种基本情况

岳苹是辽宁省果树科学研究所以寒富为母本、岳帅为父本杂交育成的晚熟苹果新品种。2009 年，岳苹通过辽宁省非主要农作物品种备案（辽备果〔2009〕321 号）并正式定名。专家综合分析认为，该品种是一个优良的晚熟苹果品种，抗寒性较强，抗轮纹病，适宜在辽宁省营口以南及气候条件相似地区栽植。

2. 生物学特性

在辽宁地区，岳苹在 4 月上旬花芽萌动，4 月下旬初花，4 月末盛花，5 月初终花。岳华果实在 9 月中旬开始着色，10 月中旬成熟，果实发育期为 165 d 左右；11 月上旬落叶，营养生长期为 220 d。

3. 植物学特性

岳苹树姿开张，树势强；主干呈灰褐色，较光滑。一年生枝呈黄褐色，茸毛少，平均长 60.9 cm、粗 8.5 mm，节间长为 2.1 cm；叶片呈浓绿色，幼叶呈淡绿色，叶面平展，叶柄长 2.8 cm，叶片长 8.2 cm、宽 5.8 cm。每花序平均为 5 朵花，花冠直径为 4.4 cm，花瓣呈粉白色。岳苹成枝力强，短枝少，连续结果能力中等，有腋花芽结果习性，采前不落果。其 S 基因型为 S_1S_2，自花结实率低。

4. 主要经济性状

岳苹果实呈圆锥形（如图 2-11 所示），果形指数为 0.86，果形端正。平均单果质量为 295 g，大果质量为 545 g。底色呈黄绿色，全面着鲜红色，果面光滑。果肉呈黄白色，肉质松脆、中粗，汁液多，风味酸甜、微香。果点较密，果皮较厚，蜡质均匀。果肉硬度为 11.2 kg/cm^2，可溶性固形物含量为 15.3%，可溶性糖含量为 12.49%，可滴定酸含量为 0.22%，维生素 C 含量为 5.2 mg/100 g，耐贮藏。

岳苹以中、短果枝结果为主，连续结果能力强，丰产性好。该品种利用平邑甜茶高接，第三年平均株产为 11.3 kg，盛果期产

量可达 3.75×10^4 kg/hm^2。

图 2-11　晚熟苹果品种岳苹

5. 抗逆性

该品种抗寒性较强，经过在熊岳地区 13 年田间观察，未发生明显冻害，生长结果正常，一年生枝半致死温度在-35 ℃左右。目前，该品种未发现有苹果白粉病、苹果腐烂病，早期落叶病发病亦较轻。田间苹果轮纹病菌接种鉴定结果表明，一年生枝感病病级为 0.3 级，主干感病病级为 1 级，属抗病品种。

6. 综合评价

该品种为优质、红色、抗轮纹病的晚熟苹果新品种，具有丰产、稳产、早果、抗寒、耐贮藏、适应性强等特点，综合性状优于乔纳金，具有良好的发展前景。

7. 栽培技术要点

该品种适宜在辽宁省大连、营口、葫芦岛及其他生态条件相似地区栽植。其乔砧树株行距为 3 m×5 m，矮砧树为 2 m×4 m，授粉品种可选用富士、嘎拉、首红、岳阳红、金冠等。岳苹乔砧树树形采用自由纺锤形，密植树采用细长纺锤形整枝；幼树应轻剪长放，开张角度，春季萌芽前刻芽促短，结果后对衰弱枝组及时回缩更新。生产上，按照每 30 cm 左右选留 1 个中心果，产量控制在（3.00~3.75）×10^4 kg/hm^2。对于盛果期树，在果实采收后施有机肥（3.0~4.5）×10^4 kg/hm^2、复合肥1500~2250 kg/hm^2。6—7月结合灌水，根据树体生长状况追施1~2次氮磷钾复合肥。在病虫害防治方面，应注重防治桃小食心虫和早期落叶病，对桃小食心虫用乐斯本乳油、桃小灵等进行防治。在5月下旬早期落叶病防治的关键时期，应连喷1~2次80%大生M-45可湿性粉剂；6月中下旬结合防虫喷施杀菌剂多菌灵或福星乳油。岳苹一般在果实成熟前20~25 d摘袋，此时果实着色最佳，在10月中旬果实成熟采收。

四、岳帅

1. 育种基本情况

岳帅是辽宁省果树科学研究所以金冠为母本、红星为父本杂交育成的晚熟新品种。1995年，岳帅通过辽宁省农作物品种审定委员会审定并命名。专家综合分析认为，该品种具有品质好、结果早、丰产性强、抗寒性较强、抗轮纹病等特点，适宜在金冠栽植区及气候条件相似区域栽植。

2. 生物学特性

在辽宁熊岳地区，岳帅在4月上旬花芽萌动，4月下旬初花，4月末盛花，5月初终花。岳帅在10中旬果实成熟，果实发育期为155 d左右；11月上旬落叶，营养生长期为220 d。

3. 植物学特性

岳帅树姿开张，生长迅速；主干呈灰褐色，较光滑。一年生枝呈黄褐色，茸毛少，一年生新梢长35.4 cm，平均粗度为0.53 cm，节间长2.82 cm。岳帅花的形态及色泽与金冠相似，平均每个花序5~6朵花。其幼树生长旺盛，萌芽率中等，成枝力中等，进入结果期早。岳帅三年生结果株率为69%，具有较强的腋花芽结果能力，连续结果能力强，易成花，丰产性好，五年生株产为21 kg，八年生株产为55 kg以上。岳帅在采前稍有落果。

4. 主要经济性状

岳帅果实近圆形（如图2-12所示），平均单果质量为224 g，最大单果质量为420 g。果面底色呈黄绿色，大部分果面着橘红色霞，覆有鲜红条纹；果面光滑，果点小；可溶性固形物含量为15.47%，总糖含量为12.3%，总酸含量为0.27%，果肉硬度为9.36 kg/cm^2；果肉呈黄白色，风味酸甜适口，肉质细脆、汁液多，有香味，品质上佳，10—12月为最佳食用期。岳帅苹果一般窖藏可贮至次年4月。

图2-12 晚熟苹果品种岳帅

5. 抗逆性

该品种抗逆性强、耐寒、抗苹果轮纹病，其适应力与金冠相近。

6. 综合评价

该品种品质好、结果早、丰产性强，适应性、抗逆性强，在能栽植金冠的地区均可栽植。

7. 栽培技术要点

岳帅适宜在金冠栽植区及气候条件相似区域栽植。其乔砧树株行距为 3 m×5 m，矮砧树为 2 m×4 m，授粉品种可选用嘎拉、岳阳红、金冠等。岳帅乔砧树树形采用自由纺锤形，密植树采用细长纺锤形整枝。其幼树除中心干短截外，其他主枝基本都缓放，开张角度。盛果期树全树培养主枝 12~15 个，螺旋式着生在中心干上；结果枝组均匀分布在主枝上，一般控制在 50 cm 以下；严格控制背上直立枝。结果后对衰弱枝组及时回缩更新，树高控制在 3.0 m 左右。修剪应以疏枝为主，尽量不短截。生产上，按照每 25~30 cm 左右选留 1 个中心果，产量控制在 3.5×10^4 kg/hm^2。对于盛果期树，在果实采收后施有机肥（3.0~4.5）$\times10^4$ kg/hm^2、复合肥 1500~2250 kg/hm^2。6—7月结合灌水，根据树体生长状况追施 1~2 次苹果专用复合肥（每株均施肥 2~3 kg）；春季萌芽前灌 1 次透水，夏季干旱时再灌 1~2 次水，上冻前灌 1 次透水。在病虫害防治方面，应注重防治桃小食心虫、蚜虫、腐烂病和早期落叶病，萌芽前刮除老翘皮；注重腐烂病、干腐病、轮纹病病斑，涂抹质量分数为3%的甲基硫菌灵糊剂；套袋前喷 3.2%甲维氯氰 1000 倍、20%吡虫啉 2000 倍、20%三唑锡 1000 倍、3%多抗霉素水剂 500 倍。该品种在采收前 30 d 左右摘除果袋，在树冠下和行间铺银色反光膜，增加底层果品着色。岳帅果实在 10 月中旬采收。

五、秦脆

1. 育种基本情况

秦脆是西北农林科技大学以长富 2 号为母本、蜜脆为父本杂交选育育成的晚熟苹果新品种。2016 年 12 月，秦脆通过陕西省果树品种审定委员会审定。该品种着色鲜艳，品质极佳，早果性、丰产性、抗寒性强，适应性较强，抗旱耐寒性和对早期落叶病的抗性优于富士，适宜在陕西苹果产区及富士栽培区域栽植。

2. 生物学特性

在陕西洛川地区，秦脆在3月下旬花芽萌动，4月中下旬开花，10月上旬成熟，生育期为170 d。

3. 植物学特性

秦脆树势中庸，树姿开张；多年生枝呈浅褐色，一年生枝呈褐色。秦脆叶片呈卵圆形、浓绿色，叶缘向叶背轻度卷曲；花芽呈圆形，肥大、饱满；花蕾呈粉红色，花中等大，花瓣呈椭圆形、白色。其萌芽率和成枝力中等，新梢长20~50 cm，枝条粗壮。秦脆以中、短果枝结果为主，易成花芽，连续结果能力强。

4. 主要经济性状

图2-13　晚熟苹果品种秦脆

秦脆果实呈圆柱形（如图2-13所示），果形指数为0.84，横径为78~90 mm，平均单果质量为268 g；果点小，果皮薄，果面光洁、蜡质厚，底色呈浅绿色，套袋果着条纹红，不套袋果呈深红色；果心小；果肉呈淡黄色，有香味，质地脆，汁液多。果实去皮硬度为6.7 kg/cm^2，可溶性固形物含量为14.8%，总糖含量为12.6%，可滴定酸含量为0.26%，维生素C含量为

19.58 mg/100 g。秦脆果实耐贮藏，在0~2 ℃条件下可贮藏8个月以上。

5. 抗逆性

该品种抗褐斑病能力强，抗旱、耐寒性和对早期落叶病的抗性优于富士。

6. 综合评价

秦脆着色鲜艳，品质极佳，早果性、丰产性、抗寒性强，抗褐斑病能力强，其适应性较强。

7. 栽培技术要点

该品种适宜在陕西苹果产区及同类地区栽培。秦脆采用矮化自根砧、中间砧或乔化砧均可，株行距分别为（1.0~1.5）m×（3.5~4.0）m，（1.5~2.0）m×4 m，3 m×5 m。其授粉树可选用嘎拉系、元帅系等品种，按照12.5%~20.0%比例搭配，也可按照10%比例配置海棠类专用授粉树。秦脆树形宜采用自由纺锤形或高纺锤形，夏季修剪做好拉枝、扭梢等；冬季修剪以轻剪为主，加大主枝和中心干的枝龄差，如果主枝和中心干的粗度比大于1∶3，应及时疏除更新。秦脆在盛果期每公顷留果量约为27万个；在幼果期应注意叶面喷施钙肥。

六、瑞雪

1. 育种基本情况

瑞雪是由西北农林科技大学杂交、选育的晚熟、黄色苹果新品种。其亲本为“秦富1号×粉红女士”，原代号为5C1-13。2015年1月，该品种通过陕西省果树品种审定委员会审定，被命名为瑞雪。该品种果形端正，果面光洁，风味酸甜适口，品质佳，耐贮藏，具有短枝栽培特性。作为晚熟、黄色苹果品种，瑞雪在我国苹果主产区均可栽培，生产推广与应用前景广阔。

2. 生物学特性

在陕西渭北地区，瑞雪在3月下旬开始萌芽，4月中下旬开花，10月中下旬果实成熟，较金冠晚熟20 d，较王林晚熟10 d，果实生育期为180 d左右，落叶期在11月中下旬。

3. 植物学特性

瑞雪树势中庸偏旺，树姿较直立，干性强。其主干呈灰褐色，多年生枝呈赤褐色；皮孔中多、明显呈椭圆形、白色。一年生枝直立，枝条粗壮，为浅褐色，新梢长50.07 cm、粗0.79 cm，节间长1.80 cm。叶片呈纺锤形，大而中厚，颜色深绿，有光泽，百叶质量为103 g，百叶厚3.26 cm，平均叶长9.7 cm、宽6.4 cm，叶姿直立，叶柄长3.1 cm、较粗；叶缘略上卷，呈复式锯齿形，钝，中深；叶尖为短突尖；叶背茸毛少。花蕾呈粉红色，花瓣呈卵圆形、白色，花冠中大，直径为4.10 cm。瑞雪萌芽率高，成枝力中等，易形成短枝。

4. 主要经济性状

瑞雪果实呈圆柱形（如图2-14所示），平均单果质量为296 g，最大单果质量为339 g，果实纵径为7.58 cm、横径为8.62 cm，果形端正、高桩，果形指数为0.90。果实底色呈黄绿色，阳面偶有少量红晕；果点小、中多，果点呈白色；果面洁净、无果锈，外观极好，明显优于金冠、王林。果梗长2.45 cm、中粗，梗洼中广、中深，萼洼中深、广，萼片小、闭合。果肉硬脆，呈黄白色，肉质细，酸甜适度，汁液多，香气浓，品质上佳。瑞雪果实硬度为8.84 kg/cm^2，可溶性固形物含量为16.0%，可滴定酸含量为0.3%，总糖含量为12.1%，维生素C含量为6.82 mg/100 g。在常温条件下，瑞雪放入保鲜袋内可贮藏5个月；在冷藏条件下可贮藏8个月。

图 2-14　晚熟苹果品种瑞雪

5. 抗逆性

根据研究人员多年的观察及各地引种试栽情况调查，瑞雪抗白粉病，较抗褐斑病等叶部病害。在试栽各地，瑞雪均表现为生长势强，枝条粗短，早果丰产，抗旱、抗寒能力较强，栽培适应性较广。

6. 综合评价

瑞雪品种果形端正，果面光洁，风味酸甜适口，品质佳，耐贮藏；具有短枝栽培特性，矮砧或乔砧栽培均易丰产，综合性状优于金冠和王林，有较强的市场竞争力。

7. 栽培技术要点

该品种建园宜选择肥水条件较好的地块，选用优质、健壮、无病毒苗木。瑞雪具有短枝性状，乔化或矮化均可栽培，矮化砧可选用 M26，T337，B9 等。矮化自根砧或中间砧密植栽培，株行距可采用（1.5~2.0）m×（3.5~4.0）m；乔化栽培，株行距可采用 3 m×4 m。该品种自花授粉坐果率低，可选用富士、新红星、嘎拉、秦冠等品种授粉，按照 15%~20%配置。瑞雪宜选用细长纺锤形或高纺锤形树形。其幼树生长势强，枝条粗壮，宜轻剪长放，适量疏除直立枝、轮生枝和竞争枝，及时拉枝、开张角度，缓和枝势，以利成花结果。结果期树应适量疏除过密、过大主枝，以大换小，对结果枝组进行交替更新，保持中心干生长优势。瑞雪萌芽率高，成枝力中等，易形成短枝，易成花，早果、丰产性强，自然坐果率高。瑞雪在盛果期每亩按照 3000 kg 左右产量留果，生产上可按照 20～25 cm 选留 1 个中心果，可套袋栽培。瑞雪抗性强，病虫危害较轻。在综合防治的基础上，应注重对蚜虫、卷叶蛾、叶螨和早期落叶病等病虫害的防治。瑞雪落叶后应彻底清园，清除落叶残果，剪除病虫枝梢，预防来年病虫危害。瑞雪成熟期较一致，无采前落果现象。瑞雪在高海拔区域栽培，果实阳面会着少量红晕。该品种套袋果可带袋采收，注意在果实底色由绿转黄时应及时采收、预冷，以延长货架期。

七、望山红

1. 育种基本情况

望山红是由辽宁省果树科学研究所从长富 2 号中选育出的浓红芽变品种。望山红于 1993 年被发现于辽宁省盖州市团甸乡曹屯村后山果园；2003 年暂被命名为望山红；2004 年 10 月通过辽宁省种子管理局组织的专家现场验收，同年申报品种登记。专家综合分析认为，该品种是一个优良的晚熟苹果品种，适宜在辽宁省营口市富士系栽培区栽植。

2. 生物学特性

在熊岳地区，望山红品种萌芽期为 4 月上旬，初花期为 4 月下旬至 5 月上旬；新梢第一次停止生长期在 6 月初；果实成熟期在 10 月上中旬，果实发育期为 160 d，属晚熟品种；落叶期在 11 月上旬，营养生长期为 215 d。

3. 植物学特性

望山红树姿较开张，树冠呈半圆形；一年生枝呈红褐色，秋梢茸毛较多。叶片呈深绿色至黄绿色、椭圆形，叶尖渐尖，叶基呈心形、淡绿色；叶缘为钝锯齿，齿上无针刺；叶柄长 2.5 cm、粗 2.1 mm。望山红顶芽中大，花芽中大，花柄长2.1 cm，每序花朵数为 5 个；花瓣在大蕾期为粉红色，盛开时为白色，花药呈淡黄色，花粉呈黄色、较多；种子中大，呈褐色。

4. 主要经济性状

望山红果实近圆形（如图 2-15 所示），平均单果质量为 260 g，果形指数为 0.87。果面底色呈黄绿色，着鲜红色条纹，光滑无锈；果粉与蜡质中等，果点中大，果梗中粗、中长，梗洼中深、中广，萼洼中广、中深、有波状突起，萼片中大、闭合。果肉呈淡黄色，肉质中粗、松脆，风味酸甜、爽口，果汁多，微香，品质上等。其可溶性固形物含量为 15.3%，去皮硬度为 9.2 kg/cm^2，总糖含量为 12.1%，可滴定酸含量为 0.38%，维生素 C 含量为 8.35 mg/100 g，果实于 10 月上中旬成熟。

图 2-15　晚熟苹果品种望山红

望山红幼树以中、长果枝结果为主，大量结果后以中、短果枝结果为主，连续结果能力中等。该品种自花结实能力较低，采前落果较轻，丰产。望山红采用矮化、高接换头的方式，其早果性、丰产性更加明显。

5. 抗逆性

望山红品种的抗寒力略强于长富 2 号，顶花芽冻害率与长富 2 号相近。在病虫害防治方面，要注意腐烂病和粗皮病。

6. 综合评价

该品种为优质、红色、抗轮纹病、晚熟苹果新品种，具有丰产、稳产、早果、抗寒、耐贮藏、适应性强等特点，综合性状优于乔纳金，具有良好的发展前景。

7. 栽培技术要点

该品种适于在富士品种主栽区栽植，株行距为 3 m×（4~5)m，授粉品种可选用岳帅、藤牧 1 号、首红、金冠等。望山红品种适于在长富 2 号适宜地区扩大栽植，栽植土质条件以土质肥沃、排水良好的沙壤土为最好。望山红树形应采用基部幼树，期间采取拉枝、多留枝、增加枝芽量等方式，迅速扩大树冠。三主枝小冠半圆形或自由纺锤形，修剪时，该品种除主枝延长枝适度短截外，其余枝条宜缓放；同时应及时剪除背上萌发的直立新梢，保留斜生和背下生长的新梢，培养成结果枝。望山红应施足底肥，选择壮苗建园，确保果园整齐度；结果树要在早秋施足有机肥混加磷钾肥或生物菌肥作基肥，生长初期追施苹果专用复合肥；萌芽前和果实膨大期应适量灌水；行间应种植绿肥或自然生草，定期刈割，使其覆盖在树冠下。望山红要在盛花期进行人工授粉与蔬果，第一次疏果应在盛花后3~4 周，重点是留单果；第二次疏果在生理落果以后，即盛花后 7~8 周，重点是除去畸形果、“朝天果”，多留下垂枝，中、长枝结果，根据树势定产，合理负担；第三次疏果在采收前2~3周，主要疏除病、虫、机械伤害的果实，保证优质果率。望山红品种的病虫害防治重点与长富 2 号品种一致。

八、望香红

1. 育种基本情况

望香红是在富士与红星混栽苹果园中发现的苹果新品种，亲本、来源不详。2012 年，望香红通过辽宁省非主要农作物品种备案。该品种无袋栽培果实全红色，具有香味浓、耐贮藏、优质、结果早、丰产等特点，适宜在富士栽培区域栽植。

2. 生物学特性

在熊岳地区，望香红在 4 月上旬萌芽，4 月末或 5 月初开花，9 月上旬开始果实着色，10 月上旬果实成熟，11 月初树体完全落叶，营养生长期为 210 d。

3. 植物学特性

望香红树姿开张，一年生枝呈深褐色，皮孔中大，茸毛中多。叶片呈绿色，长 8.5 cm、宽 5.7 cm，叶尖渐尖，叶缘复锯齿，叶姿斜向上，叶面平展，幼叶呈淡绿色，叶柄长3.1 cm。望香红每个花序有 5 朵花，花蕾呈淡粉红色；花瓣邻接，呈卵圆形，无重瓣。其幼树生长偏旺，结果后树势中庸，具有结果早、丰产性好的特点，连续结果能力强，有腋花芽结果习性；幼树以腋花芽和长枝顶花芽结果为主，盛果期后以中、短果枝结果为主。该品种生理落果中等，采前无落果现象。

4. 主要经济性状

望香红果实近圆形（如图 2-16 所示），平均单果质量为 240 g，果实纵径为 6.96 cm、横径为 8.28 cm，果形指数为 0.84。果实底色为绿黄色，果面着鲜红色，全红；果皮薄，果实硬度为 8.8 kg/cm^2，可溶性固形物含量为 14.1%，可溶性糖含量为 10.3%，可滴定酸含量为 0.32%，维生素 C 含量为5.53 mg/100 g，花青苷含量为 116.75 OD/100 cm^2，单宁含量为 1.4%；果肉呈黄白色、松脆；肉质较细，汁液中多，味甜，香气浓郁。望香红果实耐贮藏，恒温可贮至次年6月末。

图2-16　晚熟苹果品种望香红

望香红结果后树势中庸，萌芽率高，成枝力中等，新梢缓放后极易形成腋花芽，有利于早结果。随着树龄的增加，其中、短枝比例增加。望香红结果早，高接树高接后第二年开始结果，第五年株产187 kg；生理落果中等，采前无落果现象，丰产稳产。

5. 抗逆性

望香红抗寒性较强，在大连市瓦房店市赵屯乡，研究人员经过4年田间观察，未发现其发生明显冻害；未发现其发生苹果白粉病、苹果树腐烂病危害。望香红苹果早期落叶病明显比金冠轻，苹果轮纹病明显比富士轻。

6. 综合评价

望香红果实为全红色，具有香味浓、耐贮藏、优质、结果早、丰产等特点。

7. 栽培技术要点

望香红苹果园宜选择建在背风向阳、肥水条件较好的平原地或坡度较小的坡地，土壤以沙壤土为宜。乔砧的栽植行株距以(4.0~5.0) m×3.0 m为宜，授粉品种可选用富士、嘎拉、绿帅等。乔砧树树形宜选用自由纺锤形，矮砧树树形宜选用细长纺锤形。其幼树应轻剪长放，秋季开张角度，春季萌芽前刻芽促短，增加短枝量，缓和生长势，以利早期成花结果。望香红萌芽率高，短枝多，容易形成花芽，坐果能力及枝组连续结果能力较强，应注意花前复剪，严格疏花疏果，合理控制负载量，生产上按照每 20 cm 间距选留 1 个中心果，每亩产量控制在 2500～3000 kg。盛果期树每亩施有机肥 2000～3000 kg、复合肥 100～150 kg。6—7 月结合灌水，根据树体生长状况，要追施 1～2 次氮磷钾三元复合肥。望香红栽植要适度灌水，注意防止梗裂。望香红花期较早，要注重防治桃小食心虫。望香红对苹果花叶病较为敏感，在生产上应选用脱病毒苗。此外，还应注意对苹果霉心病的防治。

第四节　矮化砧木

砧木在果树嫁接繁殖、开花结果、产量形成、果实品质等方面起重要的作用，可分为实生砧和营养系矮化砧等。其中，苹果属中的一些野生资源常用为实生砧木，而营养系矮化砧木通常由杂交培育而成。无论是实生砧还是营养系矮化砧都存在较多类型，在选择砧木时首先要考虑亲和性、适应性、早果性、丰产性及对果实品质的影响等农艺性状。选择适宜的砧木对提早结果、经济产量、优质果生产等意义重大。

当前，矮化栽培是果业发展的趋势，适宜的苹果矮化砧木是推广矮化栽培的基础。自 20 世纪初英国率先培育出 M 系、MM 系砧木以来，世界各主要苹果生产国均制定了各自的育种目标，陆续培育出众多优良的苹果矮化砧木类型，为苹果矮化栽培产业的发展丰富了可选择的适宜矮化砧木种类。现将生产上主要应用的苹果矮化砧木介绍如下。

一、国外育成的矮化砧木

1. 英国培育的矮化砧木

英国是世界上最早系统化开展苹果矮化砧木育种的国家。英国东茂林（East Malling）试验站从1912年开始在英国、欧洲其他国家、亚洲国家的苹果砧木资源研究，根据树体的植物学特征和组织结构解剖生理学鉴定，以丰产性及控制接穗生长势为目标，对71个砧木材料进行筛选和分类；在1917年公布了M系1~9号（其中，“乐园”编号为M8，“道生”编号为M2，以M9应用最为广泛），后又公布了10~16号。在20世纪50年代以后，该试验站开始在M系之间开展杂交育种试验，选育出矮化砧M26和极矮化砧M27，均在世界范围内有较大的应用规模。

（1）M2。

M2原名为道生苹果（Doucin），又称英国乐园（English Paradise），由英国东茂林试验站于1939年发表，我国自1958年引进试载。M2植株为灌木，树冠开张，分枝较多，生长较旺；一年生枝条粗壮而硬，较直立，节间较短，呈褐色，阳面呈棕褐色；芽呈三角形，中大，紧贴于枝条；果实较小，呈扁圆形，平均单果质量为130 g，果面呈黄绿色，阳面略有红晕，果实于8月中旬成熟。M2根系分布深而广，压条育苗生根能力较差，但固地性较强，较抗干旱、耐湿涝，适合轻质沙壤土；嫁接亲和性好，作中间砧或自根砧应用，接穗长势较旺，属半矮化砧木，较山定子早果性好，对果实品质也有所改进和提高。

（2）M4。

M4原名为荷兰道生（Dutch Doucin），又称赫尔斯金道生（Holstein Doucin），由英国东茂林试验站于1939年公开发表，我国自1958年引入试栽。M4植株为灌木，树冠开张，长势中庸；

一年生枝较细，呈淡褐色，节间短、较光滑；叶片呈椭圆形或卵圆形；芽呈圆锥形，中大，被有茸毛，芽基部略膨大。

M4 根多而粗，分布浅、侧生根多，多分布在 30~50 cm 的土层中。M4 耐湿，较耐瘠薄，抗旱，抗寒力中等，不抗盐碱，在地下水位较高的地块栽植易倒伏和患黄叶病；压条繁殖生根较易，嫁接亲和性好，成龄嫁接树株高为 3.5 m 左右，属于半矮化砧木，定植后三至四年开始结果，六至七年进入盛果期，丰产，果实色泽、糖酸等品质有所提高。

（3）M7。

M7 是英国东茂林试验站在道生砧木圃里选出的混杂株，于 1939 年发表，属于半矮化砧木，根皮率为 63.1%。M7 植株为灌木，在辽宁兴城地区，十年生自根树高为 3 m 左右，冠径为 2.5 m，生长势中庸，多年生枝条有时长气生根。M7 压条繁殖生根容易，繁殖率高，对土壤适应性强，较抗寒、抗旱，较耐瘠薄，但不耐涝。M7 与嫁接品种亲和性良好，具有提高果实品质的效应。苗木定植后三至四年开始结果，六至七年进入盛果期。据研究人员对郑州、青岛、熊岳等地的栽培研究，M7 产量一般，但对果实品质有显著改进。M7 抗花叶病。

（4）M9。

M9 原名为黄色梅兹乐园，是于 1908 年在法国梅兹随机选育的实生苗，后经英国东茂林试验站进一步选择，于 1939 年正式发表。M9 属于矮化砧木，根皮率为 72.5%。M9 植株为灌木，树冠开张，干性较弱，呈丛状生长。在辽宁兴城地区，十年生自根树仅高 1.0 m，树冠直径为 1.2 m。M9 为应用最广的砧木，其压条生根力中等，繁殖率较高，在灌溉条件下生根较好，根系分布较浅；嫁接亲和性较好，早期产量和有效产量高，嫁接在 M9 上的苹果树，一般二至三年结果，五至六年盛果，果实成熟较乔砧提早 5~7 d。其着色好、风味好，含糖量明显提高，果型大，硬度大，耐贮运。M9 自根砧砧木加粗生长快，有“大脚”现象；中间砧有“粗腰”现象。M9 根系弱，固地性差，一些物质的吸收与嫁接品种和地理条件有关，对冻害、涝害、干旱敏感，对火疫病、苹果绵蚜敏感，对腐烂病有抗性。

虽然 M9 具有较好的矮化性和早果性，但是抗性与耐逆性不足。为进一步对 M9 进行改良和完善，欧洲部分苗木公司从 M9 无性系脱毒苗圃中以抗寒性、抗病性、易生根等为目标，陆续筛选和培育出了一些优良新品系，如 M9-T337。

M9-T337 是荷兰木本植物苗圃检测服务中心（Naktuinbouw）从 M9 中选出的脱毒矮化砧木优系，又称 NAKB-T337。M9-T337 除具有 M9 结果早、易成花、丰产性好的优点外，在苗木整齐度、树体干性强、耐盐碱等方面优于 M9，其毛细根发达、定植成活率极高、长势稳定、适应性更广，是目前商业化开发较好的矮化砧木之一。M9-T337 在欧美等国家较为流行，在我国陕西的宝鸡、辽宁的瓦房店、甘肃的庆阳、河南的三门峡等产区均有一定规模的引种试栽，表现为结果早、适应性强、丰产性好，适合高纺锤形树形，是目前最成功、最广泛的脱毒矮化砧木之一。

（5）M26。

M26 是英国东茂林试验站用 M9 与 M16 杂交育成的矮化砧木，于 1957 年发表。M26 植株为小灌木。在辽宁兴城地区，M26 自根树十年生树高为 1.2 m，冠径为 1.5 m，生长势较旺，介于 M9 与 M7 之间，属于半矮化砧木。M26 压条育苗生根容易，繁殖系数较高，根蘖少，可用硬枝扦插。嫁接在 M26 上的苹果树，树体高度介于以 M9 与 M7 为砧的树体之间，产量、树势、固地性均比嫁接在 M9 上的苹果树强，且较以 M7 为砧者结果早，果实成熟也提早。M26 自根砧嫁接树有“大脚”现象，中间砧有“粗腰”现象。M26 比 M9 具有更强的抗寒能力，在冻害偶尔很严重的地区多选用 M26 为砧木。在日本和中国，M26 经常被用来作矮化中间砧。在我国陕西、江苏北部采用 M26 自根砧，其在矮化、早期丰产和果实品质方面均优于 MM106，M9 等砧木，且与富士、金冠、元帅系等品种亲和良好，与平邑甜茶、八棱海棠、楸子等亲和性也较好。我国陕西、山东、河北等地及黄河故道地区应用 M26 较多。

但 M26 也存在很大的缺点。例如，地上部分的树干砧木易于产生节间隙，而这正是害虫和病原物进入的通道；另外，节间隙也能影响幼芽的生长，甚至影响到上面接穗的生长，这种情况在地上部分接穗长度不同时，表现得尤为突出。种植者选择 M26 作为砧木时，在不引起嫁接品种生根的条件下，应使嫁接部位尽可能地靠近地面，这样就能很好地控制上述情况的发生。

除 M 系外，东茂林试验站与约翰英斯园艺研究所合作，用 M 系和抗绵蚜苹果品种君袖杂交，获得 15 个具有不同矮化性的抗苹果绵蚜无性系，命名为 MM（Malling-Merton）系，编号为 101~116，其中以 MM106 和 MM111 应用较为广泛；东茂林试验站还与郎·阿什顿试验站合作培育了 EMLA 系矮化砧木，其中包括 EMLA9 等矮化砧木品种。

（6）MM106。

MM106 是由英国东茂林试验站与约翰英尼斯园艺所用君袖苹果与 M1 杂交育种而成的半矮化砧木，于 1951 年定名、1953 年正式发表，我国自 1974 年引入栽植，可抗苹果绵蚜。

该品种植株生长旺盛，树冠较开张；一年生枝较粗壮，呈棕色，被有较多茸毛；新梢呈棕色，成叶呈圆形，较大、平展、较厚，稍有光泽；叶尖为急尖，叶基呈圆形或不正圆形。

MM106 压条繁殖生根容易，繁殖系数高，根系较发达，固地性强，较抗旱和抗寒，耐瘠薄。MM106抗绵蚜，较抗病毒病，对颈腐病和白粉病敏感。其嫁接亲和性好，无根蘖，嫁接树略高于同龄M7品种，与短枝型品种组合，三年生开花株率达90%，果实可溶性固形物也有一定提高。MM106植株产量介于M9和M7嫁接树之间。

2. 美国培育的矮化砧木

美国康奈尔大学与几内瓦试验站，在1953年开始以乐园苹果（即M8）为母本、M1~M16为父本的自然授粉实生苗为选择材料，初选158个品系。其中，10，26，47，80矮化性与M9相当；23，24，57矮化性与M26相当；5，55，62矮化性与M7相当；18，32矮化性与MM106近似。其中，矮化砧木CG80和半矮化砧木CG24具有强于M26的丰产性和抗寒性，在生产上推广应用较好，近十余年以耐重茬为育种目标，挖掘抗寒、耐逆砧木资源Robusta5，选育出G16，G41，G202等矮化及半矮化砧木。

美国密执安州立大学于1956年开展了砧木育种，以M1~M16、阿尔纳普2号、西伯利亚海棠5号、美国酸苹果等的自然授粉实生苗为选择对象，开展矮化性、丰产性、抗绵蚜等田间鉴定，培育出极矮化砧MAC39、矮化砧MAC9、半矮化砧MAC1和MAC46、半乔化砧MAC24等砧木。其中，MAC9是M9实生后代，于1973年发表，矮化性介于M9与M26之间，嫁接亲和性较好，早果、丰产、根系发达，抗寒性较强，在欧美国家与日本应用较多；其他MAC系没有形成较大的产业规模。

（1）CG系。

CG系是由美国康奈尔大学与杰内瓦农业试验站合作，于1953年从M8的自然受粉实生苗中选出营养系矮化砧的158个品系，定名为CG系。其中，CG10，CG26，CG47，CG80近似M9；CG23，CG24，CG57近似M26；CG5，CG55，CG62近似M7；

CG18，CG32 近似 MM106。

（2）MAC 系。

1956 年，美国密歇根州立大学卡尔逊博士播种了 M1～M16、阿尔纳普 2 号、西伯利亚海棠 5 号与美国耐寒性酸苹果自由授粉种子；1973 年，初选出抗绵蚜、抗茎腐病和易繁殖的 56 个砧木类型，定名为 MAC 系。其中，MAC1，MAC9，MAC10，MAC25，MAC39，MAC46 为矮化类型，尤其是 MAC9，又称 Mark，具有包括矮化性状在内的优良综合性状。

3. 苏联培育的矮化砧木

苏联是较早开展苹果砧木育种的国家之一，在 19 世纪 40 年代，米丘林国立农业大学布达戈夫斯基教授以 M 系与 Red Standard 杂交育成抗寒矮化砧木 B 系。其中，极矮化的有 B146，B195，B491，矮化程度介于 M9 与 M27 之间；矮化的有 B9，B257，矮化程度与 M26 相似；半矮化的有 B118，B233，矮化程度介于 M7 和 MM106 之间。

（1）B9。

B9 又称红色乐园，是由 M8 与红色军旗杂交育成的矮化砧木，其叶片、花瓣与枝干为红色，植株呈灌木状，树冠开张。B9 矮化性与 M9 相当，压条繁育时有较强的生根能力，自根树根系较浅，多在地表下 20～40 cm；能抗茎腐病和土壤真菌病害，但不抗苹果绵蚜；抗寒性较 M26 强，根部能耐-12 ℃土温，土温低于-14～-12 ℃时将被冻死；与苹果品种嫁接亲和力强，接口牢固，加粗生长比根砧和品种均快；枝干部分可耐-30 ℃的低温，能适应当地的严寒气候，在欧洲国家及我国北方冷凉产区有一定的栽培。

（2）B118。

B118 为半矮化砧木，砧段光滑，嫁接亲和性好，但略显

"小脚"，抗寒力强。

4. 其他国家培育的矮化砧木

（1）P 系。

P 系是由波兰园艺研究所利用 M9 和普通安托诺夫卡杂交选育出的 P 系抗寒砧木。其中，P1，P2，P16，P22 为 M9 的后代，具有早果、丰产的特点，矮化性相当于 M9，M26；P1 与 M7 相似；P5 为极矮化砧；P2，P22 抗寒性强。

（2）O 系。

1967 年，加拿大渥太华农业试验场以抗寒为目的，选出无性系矮化砧 O1～O14。其中，O3（M9×Robin）与 M9 相似，抗寒、丰产、固地性好、萌蘖少，但繁殖较 M9 困难。

（3）J 系。

J 系是由德国杰克研究所从 M9 自然授粉的后代中选育的。其中，J9 同 M9 相近，但抗寒性强于 M9，早实、丰产、固地性好、易繁殖，但在某些地方有嫁接口处膨大、易感火疫病的缺点。

（4）A 系。

瑞典阿尔纳波国家园艺研究部选育了 A 系矮化砧木，其中 A2 抗寒、亲合力好、固地性强、易繁殖，矮化性与 M16 相近。

（5）YP 系。

1976 年，捷克皮克奥果树所推广了 YP 系。它们是由西伯利亚山荆子自然授粉而得到的，具有固地性强、抗寒力强、易繁殖等特点。

（6）JM 系。

1972 年，日本农林水产省果树试验场苹果支场利用 M9 与圆叶海棠杂交，选育出抗茎腐病的 10 个优良品系（盛岗 1～10 号），其中 1，4，7，8，9，10 号为矮化砧类型。1996—1997 年，日本农林水产省将盛岗 1，2，5，7，8 号命名为 JM1，JM2，JM5，

JM7，JM8。

二、我国自主培育的矮化砧木

20世纪50年代，我国开始有计划地引选苹果矮化砧木。20世纪70年代，我国矮化砧木研究工作有了较快的发展，各地利用丰富的野生种质资源（如河南海棠、崂山柰子、山定子等）与M系、B系等矮化砧木配制杂交组合，陆续选育出了S系、SH系、GM系、辽砧系、青砧系、中砧系等矮化砧和具有矮化潜力的苹果砧木。其研究方向主要趋向于抗寒、抗旱、矮化等指标，为我国的矮化栽培提供了类型丰富的矮化砧木。

1. 山西省农业科学院果树研究所培育的矮化砧木

山西省农业科学院果树研究所从武乡海棠自然实生后代中选出的矮化砧木，主要优系有S5，S10，S18，S19，S20，S21，S63等。后来，该所用国光与河南海棠杂交选育而成的SH系砧木，具有较强的耐寒、耐旱、抗抽条和抗倒伏能力，且适应性广，可在我国大部分苹果主产区栽培，尤其适宜华北和西北黄土高原地区。下面介绍其中的典型代表——SH1。

SH1是由国光与武乡海棠杂交选育而成的矮化砧木，于1990年正式发表，近年来国内已有引种试验，反应良好。SH1为一年生枝，强壮，直立，质脆，呈紫红色，节间平均长2.3 cm；叶片近似三角形，裂刻浅，大而肥厚，呈深绿色，芽基紧贴于枝上。SH1压条容易生根，生长健壮，嫁接亲和性好，无“大小脚”现象，较易生根蘖。作自根砧应用时，其嫁接树矮化，易形成腋花芽，早果性突出，但不耐缺铁，多雨年份在pH值为7.8的土壤栽植时，叶片有黄化现象；作中间砧应用时，其长势偏弱。

2. 吉林省农业科学院果树研究所培育的矮化砧木

吉林省农业科学院果树研究所是国内较早从事苹果砧木育种

的单位之一，1973 年该所以西伯利亚酸苹果、美国酸苹果等与 M 系杂交，培育成 GM 系砧木。其中应用较广的为矮化砧木 GM256，其亲和力好、早果、丰产、抗寒力强，可耐-42 ℃低温，可抗腐烂病、黑星病及早期落叶病。

（1）GM256。

GM256 是由吉林省农业科学院果树研究所于 20 世纪 70 年代初利用海棠果与 M9 杂交选育而成的矮化砧木，于 1993 年发表。该砧木抗寒力强，可抗腐烂病、黑星病及早期落叶病。GM256 一年生根呈褐红色，新梢叶片呈阔椭圆形，叶色暗绿；先端突尖，叶缘钝复锯齿，新叶富光泽，未展出前，叶缘锯齿微呈褐色，叶背微有白色短茸毛；短枝叶片呈阔椭圆形或长椭圆形，果实呈球形，果面微有棱起，萼片宿存，果柄细长，似海棠果。GM256 嫁接亲和性良好、成活率高，中间砧段比基砧和品种茎段膨大，为半矮化性砧木，嫁接品种短枝多、早果、丰产、抗寒力强；作中间砧应用时，对接穗品种果实的色泽、糖分均有所提高，但压条繁殖较为困难。

（2）GM310。

GM310 原代号是 310，1974 年以苹果抗寒品种红太平为母本、M9 为父本进行杂交。1985 年，GM310 作为初选优系保存在苹果杂交圃内。1996 年，GM310 进行区域试验。2010 年 1 月，其通过吉林省农作物品种审定委员会审定，命名为 GM310。

GM310 多年生枝条呈棕褐色，一年生枝条呈暗红色，枝条粗壮，节间短。其叶片呈阔椭圆形、深绿色，叶背为灰绿色。GM301 为两性花，花冠呈白色。GM310 果实呈扁圆形，平均单果质量为 36.0 g，果实为全红色；GM310 有矮生性，同时也有矮化性，田间自然坐果率为 92.5%。GM310 与基砧和嫁接品种亲和性强，嫁接口牢固，嫁接金红苹果，树高是乔化砧树（矮化程度）

的60%~70%，定植后两年开始结果，五年进入盛果期，丰产性好，平均每亩产量为1700~2000 kg。GM310抗寒性与GM256相当，属于极抗寒；可抗苹果树腐烂病，属于高抗品种，但枝条韧性较GM256好，可在吉林省无霜期为110 d及以上、不低于10 ℃的活动积温2600 ℃以上地区引种试栽。

3. 辽宁省农业科学院果树科学研究所培育的矮化砧木

辽宁省农业科学院果树科学研究所自20世纪70年代至今，始终致力于苹果矮化砧木的培育，以矮化、抗寒、无融合生殖、易生根等为育种目标，用M9、B9、山定子、湖北海棠等为核心亲本配制杂交组合，陆续选育出77-34、辽砧2号、辽砧106等矮化砧木，具有矮化、早果、丰产、抗寒、亲和性好等优点。

（1）77-34。

77-34是在1977年以M9为母本、小黄海棠为父本，通过有性杂交途径育成的，于1990年发表，1995年通过审定。

77-34树姿较直立，树势中庸健壮；枝条粗壮，呈赤褐色，节间平均长2.5 cm；嫩梢呈绿色，有茸毛；芽体较大，呈钝三角形，饱满；叶片呈长椭圆形，有光泽、平展，背有茸毛。77-34与富士、国光等品种嫁接亲和性好，成活率在98%以上，属半矮化型砧木，其矮化性相当于M7和GM256。77-34中间砧苹果树一般三年开花结果，五年丰产，早果性、丰产性不低于M26，与GM256相近；与多种基砧（山定子、八棱海棠、宁城海棠、丽江山定子、新疆野苹果）、不同类型栽培品种（大、中、小果型）嫁接成活率高，树体强健，无接口劈裂、树体早衰等不亲和现象；在-37.5 ℃的高寒条件下，77-34能露地安全越冬，无冻害表现，有与GM256相近的很强的抗寒力，耐盐能力明显高于山定子，与黄海棠相近，对干旱、湿涝等具有较强的适应能力。77-34压条生根能力与M9相近，有较好的生根性能。

（2）辽砧2号。

辽砧2号亲本为助列涅特与M9，于1980年杂交，2003年通过审定。其树体发育健壮，主干呈灰褐色，二至三年生枝呈黄褐色，一年生枝呈棕红色，皮孔椭圆、较小，叶芽肥大，叶片中大、卵圆形、革质、厚韧，颜色浓绿，叶面有波浪状起伏，叶背茸毛多，叶缘细锯齿状，根系发达。五年生富士/辽砧2号中间砧树中间砧段发一级侧根4~5条，平均直径为0.8~1.0 cm；发二级侧根15~20条，平均直径为0.4~0.6 cm，且土壤表层须根量大。在熊岳地区，辽砧2号顶芽4月4日萌动，侧芽4月9日萌动，4月28日初花，花期为一周，6月14日新梢停止生长，物候期较M26早14 d。

辽砧2号对嫁接树的高度和树冠大小的控制能力都与M26相近，以山定子为基砧、辽砧2号为中间砧的五年生红王将树平均树高为2.62 m，冠径为2.64 m^2。辽砧2号与基砧（山定子）亲合性良好，不但嫁接成活率好于M26等目前生产上应用的砧木品种，而且接口愈合严密。其嫁接富士、元帅、嘎拉等苹果品种，株高、产量、品质等与M26同龄嫁接树相当。

辽砧2号具有较强的抗性，在辽西、辽北等苹果栽培北界地区试栽，其嫁接树主干、侧枝、新梢、花芽、果实等均表现良好。其压条生根能力很强，易繁殖，自根砧木苗固地性好，适于铁岭以南及相似区域发展。

（3）辽砧106。

辽砧106（原代号为128-58）是1999年辽宁省果树科学研究所从平邑甜茶与M27杂交后代中选育出的具有无融合生殖特性的4倍体苹果半矮化砧木。

该砧木树势健壮，树姿半开张，果实呈扁圆形，平均单果质量为5.6 g，果实全红，可溶性固形物含量为22.6%，可滴定酸含量为2.12%，维生素C含量为10.3 mg/100 g，无融合生殖率为93.5%。三年生砧木树即可采种，腋花芽结果能力较强；五年生进入盛果期，株产果实10.6 kg，采种量为7300粒左右，千粒质量为14.6 g，层积天数为45~55 d。辽砧106播种出苗率和整齐度高，与富士系、嘎拉等苹果品种嫁接亲和性好，无“大小脚”现象，表现半矮化，与M7相当。大苗建园株行距为2.0 m×4.0 m，四年生平均产量为2.595×10^4 kg/hm^2，六年生平均产量为4.575×10^4 kg/hm^2，早果性、丰产性好，与M26相当。

在熊岳地区，该砧木4月上旬萌芽，5月初开花，10月下旬果实成熟，11月上旬落叶，果实发育期为150 d左右，抗寒性与抗轮纹病能力较强，适宜在沈阳以南及相似区域栽培应用。

4. 青岛市农业科学研究院果茶研究所培育的矮化砧木

青岛市农业科学研究院果茶研究所以平邑甜茶为试材，通过常规杂交途径和辐射诱变等途径，培育矮化、无融合生殖等特异砧木，近几年在理论研究与育种实践上取得了一定的进展，其培育的部分砧木在生产上已经具有一定的规模。

（1）青砧1号。

苹果无融合生殖砧木青砧1号是1999年通过杂交育种获得的。其母本为平邑甜茶，父本为柱形苹果株系CO，于2007年7月通过山东省科学技术厅科学技术成果鉴定。

该砧木树体呈柱形，平均单果质量为9.2 g；每果种子数为4.1个，饱满种子率为100%，种子千粒质量为41.4 g；种子层积时间为45 d，发芽率为80%；一年生苗株高30.9 cm，干径为0.67 cm，节间长度为1.23 cm。青砧1号实生苗整齐一致，无融合生殖坐果率为97.0%~98.1%，种子繁殖，可以直接作为基砧嫁接嘎拉、乔纳金、烟富3号和烟富6号等主栽品种，表现亲和性好，嫁接成活率为95%左右，成苗率为90%左右；以青砧1号为砧木，利用砧木的高度整齐一致，可保证建园的整齐度。与无性系矮化砧木的压条、扦插等繁殖方式相比，青砧1号的种子繁殖可以大大提高繁殖效率。该砧木嫁接树株高相当于母本平邑甜茶的75%。青砧1号抗重茬病能力强，并且成花早、产量高、果实品质优，适于在环渤海湾、黄土高原等中国苹果主产区应用。

（2）青砧2号。

青砧2号是由1997年γ射线辐射平邑甜茶种子而获得的矮生突变体，于2007年通过山东省科学技术厅科学技术成果鉴定。青砧2号为无融合生殖砧木，其无融合生殖坐果率为88.9%~95.0%，种子繁殖的自根砧，实生苗整齐，可以直接作为基砧嫁接嘎拉、乔纳金、烟富3号、烟富6号等主栽品种，表现亲和性好，成苗率高。青砧2号作为基砧的嫁接树，萌芽率、成枝率高，枝条角度开张，可以减少刻芽、拉枝等，嫁接富士系成龄株高为3.3~3.6 m，高于M26、低于平邑甜茶同龄嫁接树，为半矮化砧木。其花芽起始节位低，短枝比例高，树形紧凑，结果部位分布均匀。青砧2号嫁接烟富3号、烟富6号、乔纳金、嘎拉等品种，一般四年生开始有经济产量，平均株产25 kg；五年生树每亩产量约为3500 kg。该砧木果实着色好，品质优良。

5. 中国农业大学培育的矮化砧木

中国农业大学以耐缺铁为育种目标、以小金海棠及其实生后代为试材，开展苹果砧木育种，在铁吸收分子机制、矮化基因功能验证、育种实践等方面取得了较大的研究进展。

中国农业大学园艺植物研究所砧木项目组自1984年开始，利用营养液培、沙培、土培等设置不同浓度的铁盐处理，从苹果属40个种和基因型中筛选出铁高资源小金海棠，并以其实生后代为试材，于1987年从中筛选出优系；经复选鉴定，于2009年育出耐缺铁、抗寒、半矮化砧木——中砧1号。

中砧1号成龄树为高大乔木，树姿半开张，树势强，萌芽率高，成枝力强；一年生枝呈青灰色，多年生枝呈灰褐色，少有分枝；幼叶呈紫红色，成龄期树叶片呈长圆形，完全展开叶片呈深绿色，开张平展；节间长度为 2.1 cm。中砧 1 号组培苗根系发达，主根粗壮，须根密集，移栽成活率高；花为白色，平均每序为 5 朵花，花冠中等，雌蕊 5 枚，雄蕊 10~20 枚；果实呈长圆形或卵圆形，平均单果质量为 1.2 g，果面底色为黄绿色，大部分着鲜红色，多有锈斑，果点明显，锈色；果柄细长，为 5~8 cm；大部分果实脱萼，鲜有残存。其果实出种率低，每个果实平均饱满种子数约为 1.3 粒，种子小，果实呈长椭圆形、紫褐色、有纵条纹；染色体数为四倍体（$2n=4x=68$），具有无融合生殖能力，去雄套袋坐果率为 85%以上。在北京地区，中砧 1 号花芽 4 月上旬萌动，4 月中旬花芽开绽，4 月下旬至 5 月初开花，花期持续 7 d，4 月底至 5 月上旬展叶，果实在 10 月上旬成熟，11 月下旬落叶。

中砧 1 号苗干直立性好、固地性强，与苹果栽培品种嫁接亲和性好，无“大小脚”现象，无气生根和气生疣瘤，嫁接口愈合平滑、坚固、无膨大增生现象。该砧木嫁接红富士，表现树体紧凑，树势中庸，半开张，半矮化；短枝性状明显，枝条粗短，三年生成花株率为 100%，四年进入结果期，极丰产，矮化程度、提早结果作用及丰产能力均与苹果半矮化砧木 M7 相近。其果实风味甜，适口性好，品质极佳。中砧 1 号抗苹果早期落叶病和枝干轮纹病，高抗苹果褪绿叶斑病毒（CLSV）、茎痘病毒（SPV）及茎沟槽病毒（SGV）等潜隐病毒。中砧 1 号在石灰母质土壤地区用作苹果自根砧木，可有效避免缺铁黄化现象的发生，适于华北、西北及辽宁中南部等产区发展。

第三章　苗木培育与建园

第一节　苗木培育

一、乔砧苗木培育技术

1. 播种前的准备

（1）选地整地。

苗圃地应选择水利条件较好、排水良好、土壤疏松肥沃的壤土和沙土，土壤要求 pH 值为 6.5～8.3。苗圃地应于秋冬深翻土壤，每亩苗木施入完全腐熟的有机肥 2500 kg 或复合肥50 kg，再加入辛硫磷 3 kg，耙平作畦。

（2）种子准备。

① 种子选择。应选用当年颗粒饱满、新鲜、有光泽、富有弹性、不透明、无霉味的种子（胚和子叶呈白色），除去杂质、秕种、破碎的种子。

② 种子处理。种子处理采用挖沟沙藏法。一般选择地势高燥、排水良好、背风背阴的地方挖沟，沟深 60～80 cm，宽 50～100 cm，长度随种子多少而定。贮藏种子时，先在沟底铺 10 cm 的湿沙（湿度以手捏成团不滴水、松手即散开为标准），再放入与湿沙混合均匀的种子，堆到距离地面 10～20 cm 为止。上面再

铺 10 cm 厚的湿沙，最后覆土，成屋脊形。层积沟的四周要挖排水沟，以防积水。另外，最好沿沟长方向每隔1~2 m 竖插一束从沟底到沟顶的秫秸秆，作为通气孔道。每年春节后，温度开始回升，必须注意检查种子萌动情况。秋播时，种子无须做沙藏处理。

2. 播种

（1）播种时期。

播种时期分为秋播和春播。秋播是在秋末冬初、土壤冻结前进行，不需要种子的沙藏处理，而且出苗早、扎根深。在气候寒冷干燥、土壤解冻晚、鸟兽害严重的地区，不宜采用秋播，而采取需沙藏处理种子的春播较好。春播在土壤解冻后进行，在幼苗出土后不致于受冻害的前提下越早播种越好。陕西关中地区宜在 2 月下旬开始播种，一般播后 20~30 d 即可出苗。

（2）播种方法。

采用撒播的方法，将种子和细土搅拌均匀。砧苗多采用宽窄行条播，有利于嫁接时操作。播种时，一般宽行为40 cm，窄行为 20~25 cm，株距为 10 cm，每畦 6 行，播沟深为 5 cm，覆土厚度为 5 cm 左右，为种子大小的 2~4 倍，沙土略深，黏土略浅。

（3）播种量。

每亩苗木（山定子、八棱海棠、平邑甜茶）用种子量为 3~4 kg。

3. 苗期管理

春播覆膜的种子，在播种后 7 d 左右，陆续发芽，25 d 后陆续出土。由于刚出土的幼苗极不耐高温，苗木出土后必须揭去地膜，以防高温灼伤幼苗。当苗木大量出土以后，若缺苗严重，应随即补种，此时所用种子应经过催芽处理。播种后 50 d 左右，幼苗基本出齐，此时应及时中耕除草。待幼苗长出 5 片真叶后，应及时追肥浇水。一般每亩苗木追施尿素 10 kg 左右，遵循“先稀后浓，少量多次”的原则施肥，施后浇水。为促进幼苗生长，可喷施叶绿宝 2~3 次，每次喷施间隔 7 d 左右。

4. 嫁接

（1）接穗的选择与采集。

接穗要从良种母本园或从品种纯正、丰产、稳产优质、树势健壮、无检疫对象植株的树冠外围采集。接穗最好就近采集、随采随用，夏秋季去外地采集接穗时，采下后应立即去掉叶片，将每 50 根绑成一捆，标明品种、数量、采集时间和地点，然后用湿布或湿麻袋包裹。

（2）嫁接前管理。

苹果苗木生长到 25 cm 时，应摘除尖端的幼嫩部分（即掐尖），这样做主要是为了抑制其向高生长、减少养分的消耗、增加砧木的粗度，并抹除苗木基部距地面 5~7 cm 以下的萌芽，使嫁接部位形成一个光滑面，为下一步嫁接打下基础。当苗木基部粗度达到 0.6 cm 以上时，可进行嫁接。由于土壤的湿度影响嫁接苗的成活，因此在实践中，在嫁接前 7 d 育苗地浇 1 次透水，嫁接后 15 d 内不浇水，这样大大提高了嫁接成活率。

（3）嫁接时间及嫁接方法。

目前生产上应用最广泛的嫁接方法有枝接和芽接两种。枝接或带木质芽接一般在早春树液开始流动至发芽期进行。其中，木质芽接应用最广泛，该方法先在芽的下方约 1 cm 处斜切一刀，深入木质部；再从芽的上方 1.5 cm 处向下斜竖削一刀，也深入木质部；使两刀口相交，取下带木质部的芽片；砧木的切削与接穗相同，也取下一个大小相近的盾片，把接穗芽嵌入砧木切口，对齐形成层并绑扎结实。

5. 嫁接后管理

（1）剪砧，解除接膜。

以采用带木质芽接的苗木为例，秋季嫁接的苗木应在春季苗木发芽前剪砧，春季嫁接的苗木应在嫁接后 7~10 d 剪砧。剪砧时，剪口成马蹄形，向芽的一面高，背芽的一面低，这样有利于苗木的完全包合。嫁接后 15 d，栽培人员要检查苗木成活情况，对接芽未成活的苗木要及时补接。栽培人员要及时解除接膜，以防止新枝生长过快、接膜勒入树干，引起枝条断裂。

（2）除萌蘖。

剪砧后，对于整个生长季节砧木基部发出的大量萌蘖，应随时去除，以免其消耗大量养分，影响接芽的生长。

（3）摘心。

在沙土地育苗，会出现苗木生长过快的状况，此时如果苗木不充实，可在其高度超过 1 m 时的 8 月底对其进行摘心，以利枝条生长充实，促进枝条木质化，提高嫁接苗质量，从而利于苗木越冬。需要注意的是，种植在黏土地的苗木一般不摘心。

（4）肥水管理和病虫防治。

苹果苗木嫁接后 15 d 内禁止浇水施肥，新梢生长到 20~30 cm 时应及时施肥，中耕除草可结合进行。在苹果接芽萌发时，要注意喷施杀虫剂防治蚜虫、卷叶虫、金龟子等。

二、矮化中间砧苹果苗木培育技术

1. 基砧的培育

（1）品种的选择。

基砧根系要发达，适应性要强，与中间砧亲和力要好，生产上多采用八棱海棠。

（2）采种、制种。

基砧种子多从生长健壮、无病虫害的母树上采集。采种时间通常在 9 月下旬，采集的果实要充分成熟、无病虫害，用堆积法漂洗取种，晾干后去杂质，上冻前采用沙藏层积法处理种子。

（3）播种。

栽培人员一般在3月下旬播种、浸种催芽，当有60%左右的种子“露白”时，即可播种。播种时，一般采用双行带状条播，宽行为40~50 cm，窄行为20~25 cm。春季播种前要浇水浅翻、整平，按照行距开沟，深2~3 cm，将种子均匀撒入沟内，覆土镇压。

（4）播种苗的管理。

播种畦面使用麦草、稻草覆盖保墒，幼苗有10%~20%出土时要及时撤除。幼苗出现2~3片真叶时开始间苗，出现4~5片真叶时按照10~15 cm株距定苗，每亩留苗8000~10000株。补苗最好在阴天或傍晚带土移栽。定苗后，当苗长至5~6片真叶时，用0.1%尿素叶面喷肥2~3次；当苗长到8~10片真叶时，每亩根施磷酸二铵15 kg左右。为了促进苗木加粗生长，在苗高15~20 cm时可以进行摘心，摘除3~5 cm。再结合追肥进行培土，促使茎部加粗生长，以达到嫁接粗度。嫁接前将基部10 cm以下的分枝和叶片抹去，以便于嫁接。此外，还要及时防治病虫害，如苹果黄蚜、金龟子、舟形毛虫等害虫，可喷高效菊酯2000倍液进行防治。

2. 矮化中间砧苹果苗嫁接

（1）培育方法。

生产上常采用以下两种方法进行培育。

① 两次芽接法。春季播种基砧种子培育实生苗，8月中下旬嫁接矮化中间砧芽，先将砧苗距地面4~5 cm处光滑迎风面擦净泥土，用芽接刀横切一刀，深达木质部，刀口宽度为砧木干周的一半左右；然后在刀口中间向下竖划一刀，竖刀口稍短一点儿，再削接芽。接穗应该选生长健壮、无病虫害的一年生枝条，先在接穗芽的上方0.6 cm左右处横切一刀，刀口宽是接穗直径的一半

左右；然后刀由芽下 1 cm 处向上斜削，由浅入深达横刀口上部；再用左手拇指和食指在芽基部轻轻一捏，即可将芽片取下。取下芽片后，立即挑开砧木拉口皮，把接芽迅速插入，使芽片横刀口与砧木的横刀口对齐，用有弹性的 1 cm 宽的塑料薄膜包扎好。这种嫁接方法一般成活率可达 95%以上。嫁接后 7~10 d 应检查苗木是否成活，如发现未成活，应立即补接；如检查成活后，应该解除绑缚，将第二年长出的新条作为中间砧，6 月中旬在中间砧的 25~35 cm 处采用同样方法嫁接栽培品种，待其萌芽后剪砧，在这一过程将中间砧上的叶片保留，秋季可出圃。

② 分段芽接再枝接。先培育基砧，然后在基砧之上嫁接矮化中间砧。到了秋季，在中间砧枝条上每隔 25~35 cm 接上一个栽培品种的接芽。第二年春天，分别在每个栽培品种接芽上方约 1 cm 处剪断，每段顶部约带有一个栽培品种的接芽，再把该段枝接到其他基砧上。

（2）嫁接后管理。

大田管理同播种苗相似，所不同的是剪砧要早，春季在萌芽前进行，夏季在接芽成活后就进行。要注意保护剪口芽，用剪在接芽横刀口上 0.5 cm 左右处剪砧，然后进行除萌蘖、抹芽、立支柱、施肥、灌水、松土、病虫害防治等常规管理，确保苗木健壮生长。

三、苹果大苗繁育创新技术

1. 矮化砧苹果大苗繁育关键技术

（1）矮化砧木繁育关键技术。

选用生长健壮、生根能力强、根系发育好的矮化砧木苗进行压条，品种主要有 M9T337、MAC9、GM256、中砧 1 号、77-34 和 SH40，栽植株行距为 0.3 m×1.5 m，45°角斜栽，单行保证苗木质量，宽行保障机械作业便利。于当年 9 月，将整株水平压倒，同时去除过旺新梢；11 月下旬埋土防止抽条。第二年当新梢长至 30 cm 时，用熟锯末（存放一年）进行堆培，一年 4 次。M9T337，MAC9，GM256 生根较好，生根率为 83%~96%；中砧 1 号、77-34 和 SH40 生根一般，生根率为 44%~50%。苗木高度均大于 60 cm，粗度大于 0.8 cm。及早黄化处理是生根的关键，9 月是新根生长高峰期。

（2）矮化自根砧大苗繁育关键技术。

砧木苗根系长度剪留至 3~5 cm，保障定植省力，防止根系上浮。采用舌接嫁接方法，保障接口质量，嫁接高度为40 cm。晚栽保证苗木成活率，立杆保证苗木生长直立，涂保水剂防止苗木抽条。第二年春定干高度 65 cm 左右，当新梢长至 8 cm 左右时，实施一次性抹芽；长至 8~10 片叶时，采用半叶法促分枝（一年多次），用方塘水灌溉保证分枝质量。应用此技术，苹果新品种苗木高度为 1.5~1.8 m，粗度为 1.8~2.5 cm，分枝数为 5~9 个，苗木成花率为 100%。

（3）矮化中间砧苗繁育关键技术。

以三年生山定子为基砧的苹果矮化中间砧苗，采用二重枝接法的苗木成活率、一级苗率、一级苗高度均高于采用分段嫁接法的指标。以二年生山定子为基砧的苹果矮化中间砧苗，苗木成活率、一级苗率、一级苗高度、一级苗粗度等指标，因各砧穗组合不同而表现不同。从提高苗木一级苗率的角度看，对三年生山定子为基砧的苹果矮化中间砧苗，宜采用二重枝接法，该方法明显优于分段嫁接法，在不同品种上表现一致。以二年生山定子为基砧的苹果矮化中间砧苗，不同砧穗组合采用两种嫁接方法的表现不完全相同，但二重枝接法在选择品种及砧穗组合方面较分段嫁接法具有更大的灵活性，建议采用该嫁接方法。

2. 乔砧大苗繁育关键技术

基砧苗（平邑甜茶）粗度大于1.5 cm（三至四年生），采用舌接法嫁接，嫁接高度为60 cm；采用半叶法促分枝（一年多次），当年苗木高度为1.5 m以上，分枝数6个以上。

第二节 建 园

一、建园规划与园地选择

改革开放40多年来，辽宁省苹果种植户栽培面积都很小，超过10亩规模的果园都很少，基本上为一家一户的个体分散经营模式，市场竞争力非常薄弱。进入“十四五”时期，我国已步入高质量发展的新时代，苹果产业发展进行规模生产经营已是大势所趋，因此应大力推进家庭农场、民营企业或以股份制形式进行整合的合作社规模生产经营模式的推广进程。只有这样，生产者和经营者的经济利益才会得到保障，苹果产业发展才会做大做强，才更具强大的竞争力。

1. 建园规划

新建苹果园首先要进行合理规划，不但要考虑苹果适宜栽培区（即苹果主产区），而且要把偏冷凉、干旱、盐碱的次适宜区，以及生茬地、重茬地的建园问题，高、中、低不同规模、不同标准的建园问题进行统筹规划，使各级苹果生产者按照各自的需求选择适合自己的苹果栽培发展模式。

2. 园地选择

在进行园地选择时，应选择交通方便、有水源、无污染的平地、丘陵地建园。山地建园坡度不宜超过15°且背风向阳。在黏重土壤、盐碱地建园，应进行土壤改良；特别是在盐碱地和低洼地建园，要修台田。

3. 建园其他事项

建园要营造防护林、规划作业路（因地制宜）、设置排灌系统、修筑水土保护工程（山地果园护坡，因地制宜）、配置授粉树。

二、果园防护林营造

1. 果园防护林树种的选择

根据南京林业大学李玥研究结果显示，果园防护林树种选择遵循树种混交、针阔混交、乔灌草相结合的原则。例如，选择杨树、白榆，云杉、油松混交，小乔木和灌木如柽柳、酸枣、枸杞、紫穗槐等的防风效能为佳。

2. 果园防护林建造方法

（1）防护林配置。

建立防护林应本着因害设防、适地适栽的原则，达到早见效益的目的，在具体设置中应考虑主林带和副林带的位置。大型果园防护林一般包括主林带和副林带，小型果园可只设环园林。主林带应与当地有害风或常年大风方向垂直，如因地势、地形、河流、沟谷的影响不能垂直时，可以有25°~30°的偏角，超过此限，防风效果显著降低。

山地果园地形复杂，应因地制宜具体安排。迎风坡林带宜密，背风坡林带可稀。山岭风常与山谷主沟方向一致，主林带不宜横跨谷地，可与谷向有30°夹角，并使谷地下部防风林稍偏于谷口；谷地下部宜采用透风结构林带，以利冷空气排出。副林带是主林带的辅助林带，并与主林带垂直，其作用是辅助主林带阻拦由其他方向来的有害风，山地副林带最好与排水沟、道路、作业区等部分结合设置。

（2）林带间距。

一般条件下，主林带间距可按照 300~400 m 配置，风沙大的地区可考虑 200~250 m；副林带间距一般为 400~450 m，风沙大的地区可缩减到 300 m。

（3）带内配置。

一般主林带为 5~8 行，副林带为 2~4 行，林带内部提倡乔灌混交或针阔混交，双行以上者采用行间混交，单行可采用行内株间混交；在具体配置时，一般采用林带中间为乔木、两边栽灌木的方式。乔木株行距一般为（1.0~1.5）m×（2.0~2.5）m，灌木株行距为 1 m×1 m。

窄林带疏透度在 25%~30%、透风度在 0.5~0.6 比较合理，防护效能最佳。风沙区林带最适宽为 7~11 m，林木高度为 8~20 m。杨树、白榆的林带株行距为 3 m×3 m，每亩 74 株；云杉、油松的林带株行距为 2 m×2 m，每亩 167 株，呈品字形排列。

3. 果园防风林建造规模。

（1）一般随果园建园规模而定。

如果果园在 100 亩以上，一般在果园周围都建立防护林带。如果果园在 500 亩以上，不但在果园周围要建立防风林带，而且在果树中间要穿插林带；但不管是在周围建立林带还是穿插林带，都要求离果树的距离在 5 m 以上，以防止防护林与果树争水争肥、争夺光照。

（2）防风墙的建造。

在营造防护林的基础上，风沙大的地区果园周围最好兴建防风墙。设置墙体高度为 2.5 m 左右，材质为带子母牙（凸凹槽）的钢筋混凝土，厚度为 3 cm 左右，防风沙效果比较理想。

三、四种苹果栽培模式

1. 矮化自根砧密植栽培模式

平地、肥沃土壤矮化自根砧苹果建园可在栽植密度株行距为1.0 m×（3.0~4.0）m 的条件下，采用矮化密植栽培模式，即采用“圆柱形”整形修剪技术，其技术要点如下：① 不定干立柱架势栽培。② 树高为2.2~3.6 m，是行距的0.9倍（采光效果最佳）；落头落在行距的0.9倍（2 m×4 m）、树高为3.6 m的弱枝处。③ 树体结果枝数为20~25个，在中心干上均匀分布。④ 主枝作为枝组与中心干的比例系数为1∶5，树体上20 mm粗的枝每年去掉2~3个，整个树体结果枝枝粗不能超过25 mm。⑤ 拉枝开角120°。⑥ 每亩枝芽量控制在7.5万个左右。

这种苹果园，由于采用矮化自根砧建园，需采用架式栽培，包括立柱、竹竿、钢丝、卡簧、水肥一体化设施、土地平整、农家肥、园艺地布、人工费用等，合计每亩建园成本费为15000元左右，成本较高。

辽宁省果树科学研究所苹果栽培试验基地——瓦房店天盛果品有限责任公司，利用荷兰进口无病毒矮化自根砧无锈金冠、红王子、弘前富士/T337等建造的苹果园，就是该种模式的典型代表。

2. 矮化中间砧密植栽培模式

平地、肥沃土壤矮化中间砧苹果建园可在栽植密度株行距为（1.0~1.5）m×（3.5~4.0）m 条件下采用矮化密植栽培模式，即采用“高纺锤形”整形修剪集成创新技术，其技术要点如下：① 不定干；② 主枝作为枝组与中心干的比例系数为1∶5；③ 拉枝开角120°；④ 每亩枝芽量控制在7万个左右。

辽宁省果树科学研究所苹果育种试验区，利用自育的“五岳两红”品种——岳阳红、岳华、岳冠、岳艳、岳丽，望山红、望香红/GM256 建造的苹果园，就是该种模式的典型代表。

3. 乔砧密植栽培模式

下面主要以“一种苹果多功能快速成园方法”国家发明专利（专利号：ZL 201410459698.3），即平邑甜茶高位舌接苹果优新品种直接建园技术为例，对乔砧密植栽培模式进行介绍。

具体操作方法如下：于清明节前后在整好地的果园内，按照设计好的株行距定植二至三年生基、粗 1.5 cm 左右的平邑甜茶苗，栽植密度为 1 m×4 m；然后在高 60 cm 处高位舌接苹果新品种；5 月中旬苗木新梢 30 cm 左右半木质化时，将枝头进行半叶法处理；6 月中旬可促发 6~10 个分枝，待分枝半木质化后，利用牙签将分枝开角 45°；立秋后将长至 50 cm 以上的分枝进行拉枝处理至 100°，便可完成“高纺锤形”整形，当年完成建园。

应用该专利发明建园有以下 7 项优点：① 平邑甜茶高位嫁接方法新颖；② 选择砧木平邑甜茶为无融合种子繁殖，其种子播种繁育的苗木整齐度、长势高度一致；③ 平邑甜茶比山定子生长速度快，用其作砧木和品种嫁接后几乎没有“大小脚”现象，嫁接口愈合平滑，上下生长匀称；④ 整形方法新、成园速度快；⑤ 平邑甜茶和大多数苹果新品种都亲和，适应品种结构多样化更新，与当前供给侧结构性改革政策及提倡高质量发展思路相吻合；⑥ 针对性强，抗重茬“再植病”效果好，解决了科研、生产上多年悬而未决的难题；⑦ 通过与平邑甜茶砧木高位嫁接，解决了辽宁省果树科学研究所“十一五”“十二五”期间选育抗逆性较强的“五岳两红”苹果新品种在偏冷凉、干旱、低洼地区大面积发展的抗逆性差的问题，拓展了大苹果的发展空间，栽培技术要点等同于矮化中间砧密植栽培模式。

辽宁省果树科学研究所苹果栽培试验区的望山红、红安卡、王林、维纳斯黄金等苹果园就是采用该种栽培模式建园。近年来，该项技术已在辽宁全省范围内进行了多点试验，技术已经成熟，下一步计划在辽宁省苹果产区进行全面推广。

4. 乔砧稀植栽培模式

山地、瘠薄土壤果园栽植密度株行距为 3 m×4 m 乔化稀植栽培，采用“改良纺锤形”整形修剪集成创新技术，其技术要点如下：① 不定干；② 控制枝干比系数为 1∶5；③ 拉枝开角 120°；④ 清除背上直立枝、培养下垂结果枝组，结果枝组不短截；⑤ 主枝与结果枝组枝干比系数为 1∶5；⑥ 打开行间通道，每亩枝芽量控制在 6 万个左右。

乔化密植果园待进入十五至二十生时，果园会变得郁闭，通过进入改造阶段，来解决果园因通风、透光不良造成品质差、需进行提质增效的问题。

郁闭园改造的方法主要是采用“改良纺锤形”整形修剪模式，其技术要点如下：① 采用间伐的手段，进行隔株去株，变密植为稀植；② 疏除背上直立枝；③ 培养下垂结果枝组；④ 结果枝组不短截；⑤ 主枝与中心干、侧枝与主枝粗度比例系数为 1∶5~1∶3；⑥ 拉开层间距，主枝留 7 ~ 9 个；⑦ 树高控制在 3.5 m；⑧ 打开行间通道，增加通风透光，以便于作业。

四、低压微喷灌溉系统设计

1. 低压微喷节水灌溉技术

低压微喷节水灌溉技术是通过低压管道系统，以较小的流量将水喷洒到土壤表面而进行灌溉的一种方法，是一种投资小、见效大的节水灌溉系统。近年来，该技术在农业经济作物上应用较多，在苹果建园时也应被全面推广。

2. 低压微喷灌系统组成

低压微喷灌系统由动力控制系统、水源工程系统、低压输送管道、微喷软管四部分组成。动力控制系统包括电动机或柴油机、水泵、过滤器等；水源工程系统包括蓄水池、过滤池、挖掘水井等；低压输送管道包括低压主管道（常用6寸①、4寸管）、管道开关；微喷软管常用黑色软胶管，左、中、右分别为3孔、4孔、5孔。

3. 低压微喷灌水质要求

该技术水质要求为酸碱度中性、杂质少、干净无病菌。

4. 低压微喷灌设计规模与生产成本

苹果园低压微喷灌设备的安装、使用、操作非常简单，除安装设备有一定技术要求外，其使用和操作技术一般果农都能掌握。只要果园需要用水，该技术设备就可以随时随地启动抽水机进行加压喷灌，设备的维修和搬迁也易于被果农掌握，因此是一项易于使用的大众化技术。该技术设备设计规模与生产成本成反比关系，规模越大，成本越小。苹果园最佳使用面积为3.3 hm^2左右，使用周期为三年，整套设备生产成本为1万~1.5万元，亩造价为200~300元，分摊每年每亩造价为70~100元。由此可见，该技术设备投入较少。

5. 低压节水灌溉技术优势

该技术包括以下几项优势：① 与传统漫灌技术相比，此项技术节水效果明显，一般可节水70%~80%；② 低压微喷节水灌溉技术按照果树需水规律均匀灌溉，灌溉水量小，既满足了果树的需要，又可将对地温的影响降低到最小，从而利于果树生长发育，使果实提早成熟、上市；③ 可有效降低湿度、减少病害的发生；④ 省工、省力，降低灌溉时的劳动强度；⑤ 应用低压微喷

---

① 寸为非法定计量单位，1寸≈0.033米，此外使用为便于读者理解，使行文更为顺畅，下同。—编者注

节水灌溉技术可有效提高果品产量与质量，进而大幅度提高经济效益。

五、苗木选择。

1. 砧木的选择

盐碱地可采用平邑甜茶海棠作基砧，其他土壤采用山定子作基砧，矮化中间砧可选用 GM256 作基砧。

2. 选用三年生大苗建园

苗木通常放在冷库或温度较低的地方，栽植时间应该延后，一般在萌芽前进行。如果选用二年生苗木建园，一般在饱满芽处定干。

六、配置授粉树

授粉树配置按照 1∶10～1∶4 比例搭配，品种可选择与主栽苹果品种花期相吻合、花粉量比较大的品种，如七月鲜、锦绣海棠、乙女、金红等。

七、定植

1. 定植时间

以早春栽植为宜，一般在土壤化冻后进行。

2. 栽植密度

根据园地的地势及当地的气候条件和砧木类型确定栽植密度，乔砧株行距为 3 m×4 m，矮砧株行距为（1～2）m×4 m。

3. 栽植行向

根据东北地区气候特点，一般选择南北行向。

4. 栽植穴

以长×宽×深为 80 cm×80 cm×60 cm 规格较为适宜。挖穴时，生土与熟土分放。定植前，穴内施入 50 kg 左右的腐熟的农家肥，并与土壤充分混合，再回填厚为 10 cm 的熟土，同时放入杀虫药剂（地虫克，即 10%甲拌·辛粒状剂，每小袋 800 g，对土 10~15 倍，约 10 kg 土，可施 100 株小苗），防治地下害虫（如蛴螬等）。

5. 栽植技术

应选择根系发达完整、整形带芽眼饱满、无抽条现象、无病虫危害的标准苗。定植时，要立杆放线、对准行向。

苗木栽植前把根系稍做修理，放置在配有 600 倍多菌灵的溶液中浸泡 12~24 h，使之充分吸收水分和对苗木消毒；而后放到配有生根粉的泥浆中浸蘸一下。定植时，将苗木扶正，稍埋土后提苗，使根系舒展，再培土至要求部位。定植后，灌足水，然后用 1 m^2 地膜覆盖地面，以利保湿增温，提高成活率。若栽植两年出圃的苗木，栽后要定干，定干高度为 70~80 cm，剪口处蜡封。为保护好整形带幼芽不受害虫侵食，可套塑料袋。风大的地区应为幼树设支柱，以防风吹折断新梢。定植后，要及时灌水。

第四章　整形修剪

果树是多年生作物，自然生长的果树大多具有树冠高大、冠内枝条密生、光照通风不良、易受病虫危害、生长和结果不平衡、大小年结果现象严重等特点，其结果部位大多在树冠外围，果实品质低，管理不便。整形修剪可以控制树冠大小，将树体建造成并维持一定的形状，以获得合理的树体结构，合理地安排骨干枝的数量、大小、密度、级次分布，保持树体具有合理的树体高度和枝展，使相邻两行和两株树冠之间有合理的空间，改善通风透光条件，调节营养生长和生殖生长的关系，平衡树势，避免产生大小年，并且防止早衰、延长经济寿命等。

第一节　整形修剪基本知识

一、树体结构

1. 主干

主干是指地面到第一层主枝之间的树干部分，主干高度简称干高。主干高，作业方便，便于机械作业，节省人工，并且通风透光条件好；主干低，作业不方便，不利于机械作业，用工较多，并且果实质量较差。目前，生产上趋向于高干栽培，主要是方便机械作业和节省人工。

2. 中心干

中心干又叫中央领导干，是果树主干以上至树顶端之间的部分，有中心干的树形可使主枝和中心干结合牢固。

3. 主枝

主枝是着生在中心干上的永久性骨干枝，是构成树冠的骨架，起着支撑侧枝、叶片和花果的作用，承担着树体的主要产量。

4. 侧枝

侧枝是着生在主枝上的永久性骨干枝，起着支撑枝组和叶片、花果的作用，形成树冠绿叶层的骨架枝。

5. 延长枝

中心干和各级骨干枝先端的一年生枝称为延长枝或枝头。由于它逐年向外延长，可以作为区分树龄和树势强弱的依据。

6. 辅养枝

骨干枝上着生的非永久性的临时枝称为辅养枝，它是整形修剪过程中留下的临时性枝。幼树要多留辅养枝，以充分利用空间和光能，促进生长、扩大树冠、缓和树势、增加枝芽量、提早结果。随着树体生长，一部分辅养枝可改造为枝组，而妨碍骨干枝发育的辅养枝需要回缩或疏除。

7. 枝组

着生在各级骨干枝上的枝群叫枝组，其上有花芽者又称结果枝组。枝组是果树叶片着生和开花结果的主要部位。

8. 主枝角度

主枝角度是指主枝与中心干的夹角，对树体骨架的坚固性、结果早晚、产量高低和品质影响较大，是整形修剪的关键。如果主枝角度小，则树形直立，冠内郁闭、光照不良，开花形成少，产量低。

二、枝干的类型

苹果树的枝干大致可分为新梢、一年生枝、营养枝、结果枝和骨干枝等类型。

1. 新梢

芽萌发当年长出来的有叶的枝叫新梢。新梢在春季发育形成的部位叫春梢，夏秋季再次延长生长的部分叫秋梢。

2. 一年生枝

新梢生长结束落叶以后，叫一年生枝，以后逐年生长成为二年生枝、多年生枝。

3. 营养枝

只着生叶芽、无花芽的一年生枝称为营养枝，它可分为发育枝、徒长枝、细弱枝和叶丛枝四种。其中，徒长枝是指生长强旺直立、节间长而叶大、芽体小的一年生枝。它一般是由潜伏芽萌发出来的枝条，多发生在骨干枝的多年生部位。

4. 结果枝

直接着生花芽并能结果的枝叫结果枝。苹果结果枝的长度在15 cm以上的为长果枝，5~15 cm长的为中果枝，5 cm以下的为短果枝。

5. 骨干枝

中心干、主枝和侧枝一起组成果树的树冠骨架，统称为骨干枝。

三、修剪的作用和原则

1. 修剪的作用

修剪的作用主要体现在以下几个方面。

（1）调节生长势。

果树要高产、稳产、优质、高效，就必须调节生长与结果的关系，使生长和结果之间达到相对的平衡。合理的整形可以维持单位面积内合理的枝条数量和组成，使其能够充分利用光能，及早结果，并获得高额产量；保持良好的通风透光条件，有利于花芽分化和提高果实质量，便于树体管理和田间操作，减少用工；当群体结构和树体结构出现问题时，还要通过整形技术，加以解决。

（2）构成合理树形。

通过修剪，使树冠各部分、各类枝条分布均匀，着生位置和角度合适，主从关系分明，树冠骨架牢固，各部位均能获得充分的光照，为丰产、稳产、优质打下良好的基础。

（3）调节枝条角度。

枝条角度与其生长势密切相关，调节枝条角度是修剪中常用的措施。轻剪缓放，枝条生长缓和，枝条比较开张。短截促进枝条加长生长，并且枝条角度较小；短截越重，角度越小。短截时剪口的位置，对发枝角度也有影响，一般剪在向外芽的前面，即剪口留外芽，可以发出角度较好的新梢；但是枝条比较直立时，留外芽修剪，新梢仍然直立。通过拉枝、扭梢等措施改变枝梢角度，是比较简单有效的措施。

（4）调整枝量。

自然生长的果树，往往是树冠内枝条密生，树冠郁闭，通风透光不良，果枝细弱，叶片小而薄，果实着色不良，风味不佳，不耐贮藏，品质较差。通过修剪，可以将树冠内多余的消耗枝去掉，集中养分供应给留下的枝条，使新梢生长充实、叶片肥大、花芽分化好。树冠枝条密度合理后，可使树冠各部位充分见光，使果实着色好、品质优良，从而提高商品价值。

（5）调节花芽量。

修剪调节花芽形成的主要途径是在调节枝梢生长期，通过改善光照条件和增加营养积累，以剪留结果枝和花芽来调节。幼树要在保证健壮生长和必要枝叶量的基础上，采取轻剪、缓放、疏枝、拉枝等措施，以缓和生长势和及时停止生长，促进花芽分化。

2. 修剪的原则

“因树修剪，随枝做形”是果树修剪的总原则。在具体进行修剪时，既要有计划，又要观看每株树的生长势，不能死搬硬套、机械做形。要根据枝条的生长量、角度、芽的饱满程度等方面的差异，采用不同的修剪方法，才能收到理想的效果。修剪的原则主要包括以下几个方面。

（1）因树修剪，随枝做形。

由于砧木、树龄、树势及立地条件差异，树体间生长状况也不相同，因此在整形修剪时，既要有树形要求，又要根据不同的单株生长状况灵活掌握，随枝就势、因势利导，做到有形不死、无形不乱，不可生搬硬套、机械做形，以免造成修剪过重、延迟结果。

（2）统筹兼顾，长远规划。

“统筹兼顾，长远规划”是指整形修剪时兼顾树体的生长与结果，既要有长远计划，又要有短期安排。对幼龄树和初果期树的修剪，既要考虑生长良好，整好形，加快高效树冠的形成，又要考虑早结果、早丰产，做到生长、结果两不误。如果只顾眼前利益，片面强调早丰产，会造成树体结构不良、生长势偏弱、骨架不牢，不利于以后产量的提高；反之，若片面强调整形，忽视早结果，不利于缓和树势和早期经济效益的提高。对于盛果期树，也要兼顾生长与结果，做到结果适量、营养生长良好、果实品质优良，以免引起营养不良，造成大小年结果现象，缩短盛果期年限和树体寿命。

（3）轻剪为主，多疏少截。

修剪应以轻剪缓放为主，尽可能地减少修剪量，尤其是幼树期、初果期及盛果期。修剪上以疏枝和缓放为主，尽量少短截、少回缩，适当轻剪多留枝，以利于树体生长、扩大树冠、缓和树势，达到早结果、早丰产的目的。短截过多、修剪过重、树体矮小、旺条过多、树冠郁闭、整形时间过长，不利于扩大树冠和早期丰产。但过于轻剪、留枝多，易造成树体骨干不牢固，使树冠郁闭，造成只长叶不结果的局面，达不到多结果的目的。

（4）均衡树势，主次分明。

修剪时应采取“抑强扶弱，正确促控”的修剪方法，以维持树势均衡，使树冠圆满紧凑。骨干枝间应主从分明。中心干的优势要强于各层主枝，主枝优势要强于侧枝，下层主枝要强于上层主枝；否则会出现树形紊乱、评价关系不明的问题，从而使各类枝组难以配备适当，不利于高产、稳产和产品优质。因此，在修剪时必须考虑各级枝之间的主从关系，从属枝必须为主导枝让路。

（5）单轴延伸，下垂结果。

无论主枝还是结果枝组，只保留一个延长头，避免出现两叉枝或三叉枝。延长头必须优势突出、势力要强，主轴有绝对的粗度，减少分级级次，主次分明；结果枝沿一个主轴排列，改善通风透光条件。对主次不分、多头延伸的主枝，疏除外围竞争枝、三叉枝和把门侧，其余的竞争枝逐步改造：有空间的改造成小侧枝或结果枝组；没空间的逐步疏除，改造成只有一个主轴的主枝或结果枝组。

疏除主枝上的大侧枝和背上枝，促发新梢，培养成平斜或下垂的结果枝组，在主枝两侧和背下直接着生结果枝组。

四、修剪时期和方法

1. 修剪时期

（1）冬季修剪。

冬季修剪是指从正常冬季落叶到春季萌芽前进行的修剪。其主要任务是培养骨干枝，平衡树势，调整从属关系、花叶芽比例和花芽量，控制树冠大小，改善光照条件。

（2）生长季修剪。

生长季修剪是指春季萌芽后至秋冬落叶前进行的修剪。由于其主要修剪时间在夏季，因此常称为夏季修剪。按照季节可将生长季修剪细分为春季修剪、夏季修剪和秋季修剪。

① 春季修剪。在春季萌芽后到开花前进行的修剪叫春季修剪。其主要内容为疏剪花芽，调整花叶芽比例，抹芽除萌，刻芽、促进发枝等。春季修剪又分为花前复剪和晚剪（延迟修剪），其中花前复剪是冬季修剪的补充，主要在开花前进行，目的是调整花量。

② 夏季修剪。在新梢旺盛生长期进行的修剪叫夏季修剪。其主要是开张角度、调整生长与结果的关系。夏季修剪以控制旺长、减少营养消耗、改善光照条件、提高果品质量为目的，常用的措施有开角、摘心、扭梢、拉枝、拿枝等。

③ 秋季修剪。此种修剪是新梢将要停止生长到落叶前进行的修剪。其主要是调整树体光照条件，疏除背上直立枝、过密枝等，以改善光照条件、提高花芽质量。

2. 修剪方法

苹果修剪的基本方法包括短截、回缩、疏枝、缓放、打盲节、扭梢、拉枝、开角、拿枝等多种方法。

（1）短截（如图 4-1 所示）。

短截即剪去一年生枝梢的一部分。其可分为轻、中、重和极重短截。轻短截是指剪除部分一般不超过一年生枝长度的 1/4；中短截剪掉枝长的 1/3～1/2；重短截是剪去枝条的大部分，一般剪去一年生枝的 2/3～3/4；极重短截是在基部留 1～2 个瘪芽剪截。短截可促进剪口下芽的萌发生长，提高成枝力，增加长枝的比例，其反应随短截程度和剪口附近芽的质量不同而异。若苹果树在春秋梢饱满芽处剪截，发生长枝最多，生长量也最大，而且有利于控制枝条发生的部位，常用于大冠整形中，培养健壮骨干枝。若苹果树在秋梢先端或春秋梢交界处短截，则可减缓顶端优势，发生长枝数量较少，短枝的比例增加，有利于缓和枝条生长势，促进花芽分化。在枝条基部重短截，会发生少量旺枝。

图 4-1　短截

（2）回缩（如图 4-2 所示）。

对多年生枝进行的短截叫回缩，亦称缩剪。回缩有两个作用：一是复壮作用；二是抑制作用。回缩对剪口后部的枝条生长和潜伏芽萌发有促进作用，主要是衰老枝回缩更新骨干枝。抑制作用主要用在控制旺壮辅养枝、抑制枝势不平衡中的强壮骨干枝。回缩修剪的反应因剪锯口下枝势、剪锯口大小等不同而有差异，对细长下垂枝回缩至背上枝处可复壮该枝，对于过长、花芽过多的串花枝回缩至花枝上，可提高坐果率。

图 4-2　回缩

（3）疏枝（如图 4-3 所示）。

图 4-3　疏枝

疏枝即将枝条从基部疏除。其主要作用是改善通风透光条件，削弱生长势，控制上部枝梢旺长。疏枝对伤口上部枝芽有削弱作用，对伤口下部枝芽有促进作用。疏剪枝越粗，距离伤口越近，作用越明显。

（4）缓放。

缓放亦称长放、甩放，即对一年生枝不剪，常用于小冠形整枝中。其作用是缓和枝条生长势，增加短枝数量，促进花芽形成。中庸枝、斜生枝和水平枝宜缓放，由于留芽数量多，易发生较多中、短枝，生长后期积累较多养分，促进花芽形成和结果。背上强壮直立枝，顶端优势强，增粗快，易发生“树上长树”现象，故不宜缓放。

（5）打盲节。

打盲节也叫“戴帽”，在春秋梢交界处的瘪芽，剪留盲节（死帽），或秋梢基部剪截（活帽）。在一年生与二年生交界处剪截也称打盲节。在盲节上发枝称活帽，在盲节上不发枝称死帽。

（6）扭梢（如图 4-4 所示）。

在新梢半木质化时从基部扭转半圈，使木质部和韧皮部不折断，枝条呈斜生或下垂状态，扭梢可抑制新梢旺长，促进花芽形成。扭梢枝缓放可形成小型结果枝组，有利于早结果，但这些枝组处于背上，过多时不好处理。

图 4-4　扭梢

（7）拉枝（如图 4–5 所示）。

拉枝是指利用绳子、拉枝器等工具，将直立旺枝拉开到平缓或下垂状态，改变枝条生长的极性位置。拉枝主要用于对一至二年生枝的生长角度及方位进行调整，常用于幼树整形。该方法可以缓和树势，改善光照条件，促进成花，培养合理的骨干枝。拉枝在整个生长季都可进行，在秋季拉枝效果最好，因为此时天气转凉，拉枝后背上的芽不容易萌发，并且枝条较软，拉枝容易，角度容易固定。需要注意的是，在第二年春季，要及时解除绑缚，防止产生缢痕。

图 4–5　拉枝

（8）开角（如图 4–6 所示）。

开角是指在新梢半木质化时，用牙签等工具，将枝条基角加大，改变枝条生长角度的修剪方法。开角可以缓和枝条生长势，改善光照条件，防止竞争，促进成花，有利于拉枝。

图 4-6　开角

(9) 拿枝。

拿枝，也称捋枝，是指在新梢生长期，用手从基部到顶部逐步使其弯曲，伤及木质部，响而不折的修剪方法。春梢停长时拿枝，可抑制旺梢生长，减弱秋梢生长势，有利于促进花芽形成。秋梢开始生长时拿枝，能减弱秋梢生长，形成少量副梢和腋花芽；秋梢停长后拿枝，能显著提高次年萌芽率。

第二节　丰产树形和修剪方法

一、自由纺锤形

1. 树体结构

自由纺锤形树体树高 3.5 m 左右，干高 0.5~0.6 m，中心干直立生长，在中心干上分布 10~15 个主枝，向四周伸展，无明显层次。主枝角度为 80°~90°，下层主枝长 1~2 m，主枝无明显侧枝，结果枝组直接着生在中心干和主枝上，主枝和中心干单轴延伸。树体由主干、中心干、主枝、辅养枝和若干大型枝组构成。图 4-7 所示为自由纺锤形树形。

图 4-7　自由纺锤形树形

2. 整形过程

一年生苗定植后，于 0.8 m 处定干。剪口下萌发的第一个强壮新梢作为中心干，抹除新梢下的 2～4 芽和新梢上部的其他芽，防止竞争枝，保持中心干的优势；以下发出的 3～4 个分生角度较大的新梢，于当年 8 月中旬后或次年发芽前进行拉枝，拉枝角度为 80°～90°。对个别竞争枝，在当年 6—7 月新梢半木质化时进行扭梢，或新梢长到 15～20 cm 时进行摘心，以便转化成结果枝。冬季修剪时，对中心干枝头和主枝头，在壮芽处进行中短截，以便促进分枝、扩大树冠。以后每年从中心干上选 2～4 个主枝，同一方位上、下层主枝保持 0.5～0.6 m 距离，避免重叠和交叉。对主枝背上生长直立旺枝要及时进行疏除，尽量避免冬剪时疏除，一般四至五年可基本成形。

二、细长纺锤形

1. 树体结构

细长纺锤形树体树高 3.5 m 左右，冠径为 1.5~2.0 m；中心干直立健壮，均匀着生约 20 个分枝，不分层；下部分枝长于上部分枝，分枝上无侧枝，直接在中心干或主枝上结果；主枝短小，角度开张，树形狭长，结构简单、紧凑，修剪量小，管理方便，行间留有 1 m 左右的作业道。细长纺锤形冠幅很小，不需要很强壮的骨干枝，对粗枝、大枝应及早控制，以免扰乱树形。下部3~5个主枝近于水平，长度不超过 1.5 m，分枝基部粗度与着生处粗度的比例（枝干比）小于 1/3；上部分枝更小，中心干的中、上部均匀地分布结果枝、小枝和中、短枝，并且越接近中心干上端，枝条越小、越短。该树形适于株行距为（1.5~2.0）m×（3.5~4.0）m 的矮砧密植栽培。图 4-8 所示为细长纺锤形树形。

图 4-8　细长纺锤形树形

2. 整形过程

细长纺锤形整形的重点是迅速培养成瘦长的树形，中心干要强壮，并且要控制主枝的延长生长，使主枝比较小、短。

（1）第一年整形修剪。

① 定干。定干高度依苗木质量而定，采用高定干、低刻芽的方式。苗木质量好，定干高度要高一点儿；苗木质量低，定干高度要低一点儿。一般定干高度在 80~120 cm，定干选择在饱满芽处上方 0.5~0.8 cm 处进行。生长健壮、高度在 180 cm 以上的二年生带分枝大苗，可不定干，疏除枝干比超过 1/3 的分枝。剪锯口要及时涂抹愈合剂。

② 促萌。春季萌芽前，在 50 cm 以上的整形带部位选 3~4 个不同方位的芽，在芽上方 0.5 cm 处刻芽，或在整形带内每隔 2~3 个芽螺旋状进行涂抹发枝素，促发分枝。

③ 扶壮中心干延长枝。5 月下旬，在定干剪口下方，选择直立健壮的新梢为中心干延长枝，剪除其下方 2~3 个竞争性新梢，对中心干延长枝进行边生长边绑缚，保证中心干延长枝直立健壮生长。

④ 开张角度。当中心干新梢长到 15 cm 左右时，用牙签、开角器等开张新梢角度，使其角度在 80°~90°，以控制新梢旺长，缓和生长势，从而有利于秋季拉枝。

⑤ 拉枝。当年 8 月中旬以后，将所有分枝拉平。

⑥ 疏枝除萌。春季萌芽后，疏除中心干上距地面 60 cm 以内的萌蘖；生长季及时疏除中心干延长枝上的竞争新梢，疏除因拉枝开角造成的主枝基部萌蘖。

（2）第二年以后的修剪。

第二年以后的修剪主要指中心干延长枝的修剪。依据果树长势，对中心干延长枝进行短截，一般剪留长度为 60~80 cm，剪口处留饱满芽。中心干上分枝拉平，长放不剪，对于小分枝可依据成枝力和延长生长的强弱决定是否短截。另外，对主枝背上直立枝可采用夏剪扭梢和摘心的方法进行控制，使其转化成结果枝。

第三年冬剪时，中心干延长枝可长放不截，对直立枝可部分疏除、部分拉平缓放。四至五年生要尽量利用夏剪方法对拉平的主枝促其结果，对各级延长枝仍可不截长放延伸，五年基本成形。六至七年生对水平状态侧生分枝要促其结果，对于结过果的下垂大龄枝，视其强弱给予回缩，过密时应对其进行疏除。

三、高纺锤形

1. 树体结构

高纺锤形树体树高 3.0~3.5 m，干高 1.0 m 以上；中心干直立强健，着生约 30 个分枝，不分层；主枝的角度为 95°~120°，枝干比为 1∶5~1∶3；主枝在中心干上交叉排列、螺旋上升，主枝不固定，可随时疏除较粗或衰老的分枝，利用更新枝培养新的结果枝组；主枝和中心干延长头均单轴延伸，主枝上没有侧枝，直接在中心干或主枝上结果，以平斜枝和下垂枝结果为主；主枝短小，角度开张，树形狭长，结构结单、紧凑，修剪量小，管理方便。该树形适用于株行距为（1.5~2.0）m×（3.0~4.0）m 的矮化苹果密植栽培。图 4-9 为高纺锤形树形。

图 4-9　高纺锤形树形

2. 整形过程

（1）定植当年。

春季若定植具有 8~15 个分枝的标准大苗，则不定干、不短截，保持全园主干高度一致。疏除枝干比超过 1/3 的分枝，疏除后剩余的主枝不足 5 个，则将剩余的主枝全部疏除；如果剩余主枝在 5 个以上，则主枝全部保留。若为定植分枝少或没有分枝的一年生苗木，则将中心干上主枝全部疏除，俗称“剃光杆”。如果苗木质量好，则中心干延长头不短截；如果苗木质量差，可在饱满芽处短截，同时疏除背上直立枝、竞争枝和中心干上距地面 40 cm 以内的分枝。

萌芽后，将中心干延长头和主枝延长头下的竞争芽抹去3~5个，促进中心干健壮生长，同时抹去主枝背上萌发的芽；当新梢长到约 15 cm（半木质化）时，用牙签等工具进行开角，角度在 70°~90°；立秋后（8 月中旬），用绳、拉枝器等工具进行拉枝，拉枝角度在 95°~120°，以控制新梢旺长，缓和生长势。

对中心干顶部 1/4 区段的分枝，夏季修剪时当新梢长 10~15 cm 时进行摘心，新梢再长至 10~15 cm 时进行二次摘心，控制上部分枝生长，形成上面小、下面大的塔形树体结构。

（2）二年生以上小树整形修剪。

对于栽后二至四年的树，在冬季修剪前，先查中心干上的主枝数。如果主枝数不足 5 个，则将主枝全部疏除；如果主枝数在 5 个以上的，则疏除中心干上枝干比大于 1∶3 的主枝、直径超过 2.0 cm 的主枝和角度很小的主枝。疏除后剩余的主枝数在 5 个以上的，则全部保留，再将背上直立枝进行疏除；疏除后剩余主枝不足 5 个的，则主枝全部疏除。中心干延长头和主枝延长头均不短截，疏除竞争枝，保持单轴延伸；栽后第二年，尽量不要“剃光杆”，以促进树体生长发育；主枝在不交叉和重叠的前提下尽量保留，以增加枝芽量，促进树体生长，结果后再逐渐疏除。树高可以达到 3.0 m 以上时，不要急于落头，对中心干延长头可采用缓放或拉平的方法处理，缓放后可形成花芽结果，结果后将树头压弯，在压弯处可发出新枝，可以利用新枝来换头，逐年将主干高度提高。第二年开始让树结果，以控制树体旺长，稳定树势。第三年树体达到 3.5 m。若定植后一至二年不让树体结果，则会使分枝增粗加快，导致难以形成高纺锤形树形。

（3）初结果树。

栽后第五年，树体主枝数可达 30 个以上，此时修剪的任务是进行主枝更新，疏除过密枝、交叉枝、重叠枝和直径超过 2.5 cm 的主枝。通过每年疏除 2~3 个主枝，保持中心干上的分枝粗度直径都小于 2.5 cm；切勿同时更新太多分枝，以免引起树体衰弱；对下垂的结果枝进行回缩或疏除，进行更新。利用新枝和壮枝来交替更新，同时使树体保持良好的光照条件，提高果实品质。可让树体顶部结果，顶端弯曲后回缩至较弱的结果枝，以控制树高，将衰老结果枝组适当回缩。

第三节　不同龄期树的修剪

一、幼树期树的整形修剪

幼树期是指由苗木定植到第一次开花结果的时期，此期营养生长占主导地位。现代栽培技术模式下，幼树期一般为二至三年，此期的主要任务是做好整形工作。幼树期是运用正确的修剪手段，培养出所需要树形的最好时期。幼树整形很关键，决定着果树盛果期的产量、品质和结果年限。运用正确的修剪方法，使树体生长健壮，安排好各级骨干枝，形成理想的树体结构，达到一定的枝芽量，使树势和枝类组成合理，为早期丰产奠定基础。这一时期修剪的主要任务包含以下几项。

1. 选留骨干枝

选留位于上部而且长势最旺的枝条作为中心干延长枝，在其下部，选方位较好的枝条作主枝；通常中心干延长枝是剪口下第一芽或顶芽发出的枝，其下部的第二至四枝是竞争枝，因其与中心干延长枝夹角小而不选为主枝；各级延长头除第 1 芽要保持单轴延伸外，将第二至四芽及时抹除，防止产生竞争枝，使骨干枝数量、分布合理，符合树形的要求，以快速形成良好的骨架。

2. 轻剪长放多留枝

苹果幼树生长旺盛，萌芽率高、成枝力较强，在不影响树形要求的前提下，尽量轻剪长放多留枝，以尽快增加枝量，达到早果丰产的要求。苹果结果以中、短果枝为主，因此在增加枝量的同时，要及时缓和树势，改变枝类组成，增加中、短枝的比例，以便形成花芽，提早结果。

3. 调整主枝角度，控制辅养枝

根据树形要求，采取支、拉等方法，调整主枝角度，使树冠内外光照良好，同时控制枝干比。辅养枝不能强于永久枝，在不影响永久枝的情况下生长结果；对辅养枝要加以控制，缓和树势，增加枝量。当辅养枝过大，影响永久枝生长时，应控制辅养枝，通常采取回缩、加大角度、疏枝减少分枝量等方法；不能有效控制的辅养枝，要及时疏除。

4. 加强生长季修剪

现代果树栽培模式下，生长季修剪很重要，通常生长季修剪以夏季修剪为主、冬季修剪为辅。生长季采取刻、拉、扭、摘等方法，均可缓和苹果枝条的生长势，促进花芽形成。此外，生长季及时抹除无用的枝芽，疏除徒长的直立枝，对旺枝进行摘心，可改善通风透光条件，减少养分消耗，使留下的枝生长发育健壮，促进树冠扩大，加速整形进程，提高越冬能力。

二、初果期树的整形修剪

初果期是指由果树开始见果到大量结果的时期，一般为三至五年。此期整形修剪有两方面任务：一是继续完成整形，同时要注意培养结果枝组；二是迅速提高产量，使产量逐年增加。此期修剪以夏剪为主、冬剪为辅。

1. 构建理想树形

（1）上层主枝的选留。

剪口下第一芽作为中心干延长头，第二至四芽抹除，第五至六芽作为上层主枝。上层主枝角度要小，避免上层主枝向南延伸，防止其影响下层枝的光照。

（2）竞争枝和直立枝处理。

对竞争枝和直立枝要及时处理，可在冬季修剪时疏除或在春季萌芽时抹除竞争芽和背上枝，防止其竞争和影响光照，以保证中心干的优势，促进下垂枝和平斜枝生长。

（3）辅养枝的控制与利用。

初果期既要整好树形，又要逐步提高产量，因此，既要充分利用，又要及时控制。为增加初果期树结果量，要尽快把其变为结果枝组，对于枝龄较小而尚未成花结果、有生长空间的辅养枝，应继续长放，采取刻、剥、拉等措施，增加短枝，在二年生光秃带上也可进行环割，刺激隐芽发出短枝或叶丛枝，使之成花结果。对于重叠、交叉、过密的辅养枝，应采取减少其枝量、回缩、疏除等办法，使冠内通风透光良好，但切忌在一株树上过多回缩或疏除，以免削弱树势或枝条返旺。

2. 培养结果枝组

结果枝组是直接着生在骨干枝上，由两个以上分枝构成的枝群，是结果的基本单位。它由各类结果枝和发育枝组成，能循环交替连年结果，因此对结果枝组的培养，是初果期果树修剪的主要任务之一。依据结果枝组的分枝数和长度，把结果枝组划分为大、中、小三类。根据枝组着生的部位，结果枝组可分为立组、垂组和侧组。

由于不同品种、整形方式对结果枝组要求不同，培养结果枝组的方法也有差异。对于骨干枝较少的大冠形，骨干枝之间有较大的空间，需要安排一些大型结果枝组；对于矮砧密植的小冠树形，结果枝组以中、小型枝组为主。枝组的类型与着生部位拥有的空间有关，背上空间较少，不宜安排大型枝组，修剪时要控制枝组的大小和高度，培养成紧凑型枝组，或将其改变方向，培养成水平或下垂枝组。侧生或下垂枝组的发展空间较大，可以培养成较大的枝组。枝组培养多采用先放后缩的方法，即对枝条先缓放，待成花结果后再回缩。这样培养的结果枝组，结果早，并且多为单轴延伸的细长枝组。中、小型枝组由中庸枝缓放而成，有的由中、短枝连续结果，自然形成。

（1）小型结果枝组的培养。

直立旺枝、竞争枝要在冬季修剪时进行疏除，促进平斜枝和下垂枝生长；水平枝和斜生枝缓放，结合夏季修剪，其上发出的短枝和叶丛枝，一部分当年能形成花芽，第二年根据留花量多少进行回缩，或结果下垂后继续缓放，形成小型结果枝组；中等偏弱枝条在顶芽萌发后，去顶芽或绿枝重截，当年枝条形成串花，来年留足花芽回缩成为小型结果枝组。

（2）中、大型结果枝组的培养。

在培养大型结果枝组时，各类枝条经晚剪刻芽后，第二年不回缩，仍选一个方向好的长枝作枝组延长头，继续进行晚剪刻芽，边结果边延长，直到其构成中型或大型结果枝组为止。

3. 中心干延长头的修剪

现代栽培模式下，新栽幼树中心干延长头一般不短截，抹除竞争芽，保证中心干延长头单轴延伸和健壮生长；当延长头培养三至四年后，对延长头进行缓放，促进延长头形成花芽结果，削弱中心干延长头的生长势，控制树高。初果期不宜进行落头。若落头过早，一是引起返旺，背上冒条，增加管理难度；二是造成树体矮小，树体早衰、树势弱，影响树体寿命。若落头过晚，影响树体光照，影响花芽形成，使结果枝组早衰，造成树冠上、下层之间树势不均衡，树体高大给生产管理带来困难。

三、盛果期树的整形修剪

盛果期是指果树从初果期结束到一生中产量最高的时期。此时期树体骨架已基本完成，树体结构已基本稳定，产量也显著提高。虽然整形任务已完成，但是由于枝叶量大、树冠容易郁闭、影响光照，再加上开花结果过多，会使树势削弱，出现大小年结果现象。此时期修剪的主要任务是维持健壮的树势，改善光照条件，培养与保持枝组势力，调整好花、叶芽比例，争取丰产、稳产、优质。

1. 调整树体结构，改善通风透光条件

进入盛果期，由于枝条多、树冠大，树冠间枝条交接，树冠内膛光照不良，树条生长弱，从而影响苹果丰产、稳产和优质，因此，必须调整树体结构，改善通风透光条件。

当树冠间已近交接或出现交接时，如果主枝延长枝生长弱，应适当回缩，使树体保持相对稳定状态；如果主枝延长枝生长壮，可暂缓不剪，采取拉枝等措施，使其缓和后再回缩。总之，修剪后使行间保持 1.0~1.5 m 的作业道，株间可以少量交叉，宁可行内密，不能密了行，以便充分利用光能和进行田间管理操作。

对于初果期保留下较多的辅养枝，在盛果期应该分期、分批改造成结果枝组或疏除，使树冠保持一定的有效层间距和叶幕间距。疏除或回缩不能操之过急，否则会削弱树势，影响产量。对于主枝上的过密枝，应适当疏除；对于下垂枝组，只要有足够空间，应尽量保留，不要急于回缩或疏除，当其衰老时再回缩或疏除，进行更新。主枝和侧枝背上不保留直立枝组，要及时疏除。

调整树体上、下层的关系，防止出现上强下弱或上弱下强的状况，使上、下层之间达到均衡。当盛果期达到预定树高、产量很高并稳定时，逐渐进行落头，将树头落到上层的一个主枝上，降低树体高度。

2. 结果枝组更新复壮

结果枝组也是单轴延伸，枝组的更新要从全树生长势的复壮和改善枝组的光照条件着手，并根据枝组的不同情况，采取相应的措施。连续结果的枝组，由于枝组年龄过大、着生部位光照不良、过于密集、结果过多、结果母枝衰弱、形成花芽困难、坐果率降低、结果部位逐渐外移，会逐渐变弱衰老，结果能力明显减弱，这种枝组需要更新。

衰弱的结果枝组可回缩到下部健壮部位或角度较小的分枝处，剪口下要留向上的芽和枝条。如疏除前附近有空间，也可先利用周边的徒长枝或小枝培养成结果枝组，然后再将原有衰弱结果枝组从基部疏除，进行更新，以新代老；如疏除后有空间，可利用徒长枝培养成新的结果枝组。稍强一点儿的枝，可直接回缩到花芽前；冗长的结果枝组，要及早回缩，更新复壮。疏除枝组上的纤细过弱枝，尤其是枝组枝量过密时，也要疏去弱枝，留下壮枝；枝组上的一年生枝，在枝组更新时要多进行短截，促进生长。原有枝组过弱，也可利用徒长枝培养出新枝组。枝组分枝较少时，可疏花果，或变花枝成营养枝进行复壮。

3. 调整好叶、花芽比例

苹果树结果过多，常导致树体衰弱，容易出现大小年结果现象，因此，修剪时应调整好叶、花芽比例。每年修剪后，剪留的结果枝与营养枝的比例保持在 3∶1 左右；冬剪时，花芽不易认准时，要适当多留花芽，待其萌发后通过晚剪进行调整，并配合好疏花疏果，才能达到连年丰产、稳产的目的。

四、衰老期树的更新修剪

苹果树衰老时，树势生长减弱，外围新梢很短，萌发长枝少、短枝多，花芽量较大，但坐果率不高。内膛枝组严重衰弱或枯死，结果部位明显外移，骨干枝下部光秃带加长，树冠逐渐缩小。此时期的树对修剪反应不敏感，易出现徒长枝，这表明果树已经进入衰老期。果树进入衰老期的时间与品种、砧木和管理水平有关，当管理水平差时，进入衰老期就早。

这一时期的修剪任务以树体更新复壮为主，充分利用徒长枝培养成新的树冠和结果枝组，延长结果枝体和树体寿命，以维持产量。

1. 骨干枝更新

衰老树骨干枝更新复壮要有计划、有步骤地分年执行，先从最弱的骨干枝开始更新，待更新的骨干枝长出新枝并开始恢复正常生长时，再更新其他骨干枝。

衰老骨干枝的潜伏芽不易萌发更新枝时，回缩到生长势较强部位，以抬头枝当头，刺激后部潜伏芽萌发，一旦其长出长枝，就要对其进行利用培养，填补空间。

衰老树主枝头衰弱不能再恢复生长时，要进行回缩；中心干延长头衰弱时，可以利用其附近的起立枝，培养成新的中心干延长枝。如果上层主枝非常弱，又没有合适的徒长枝和直立枝培养成中心干，可以把中心干延长枝锯除，成为开心形树冠。

衰老树修剪时，要适当短截，促发分枝，促进树体复壮；对多年生枝，要多回缩，少疏枝。

2. 结果枝组的修剪

为了恢复树势，要对结果枝组进行回缩更新。在花芽多的年份，应尽量减少弱枝和衰老结果枝组上的花芽，尤其是细弱枝上的花芽；对枝组上的一年生枝要适当短截，一旦枝组延长头不结果，应对其适当短截，以利于其生长的恢复。

3. 徒长枝的利用

衰老树上发出的徒长枝，是树冠更新的后备枝，要充分利用徒长枝更新树冠。在选留徒长枝时，要根据具体需要来决定：如果要将其选为主枝头，一定要选择生长势强、角度较直立的徒长枝；如果要用来培养新的结果枝组，可选斜生的枝条。对于树冠枝条比较少的衰老树，徒长枝要多留，以利于植株的生长和全树更新。利用徒长枝更新树冠时，对徒长枝的修剪一定不能过轻，要适当重短截，以促进其多萌发强枝，逐渐形成树冠或枝组。

第四节　密植园树形及优点

辽宁省现有苹果种植面积中，80%以上的成龄果园是在 20 世纪 80 年代中期和 90 年代初建成的，目前这些果园大部分面临着群体郁闭、树体衰弱老化和生产力下降的问题。近年来，果树管理逐渐转向省力化、精简化、规模化和机械化，传统的以人工管理为主逐渐转化为以机械操作为主，这必然要求农艺性状与农机性状相结合。同时，农产品必须由数量效益型向质量效益型转变、由初级产品向高端产品转变，果树栽培管理向省力化、机械化方向转变。

省力化、机械化、集约化栽培是苹果生产的基本特征，欧美发达国家多采用矮砧密植栽培方式，树形采用“高纺锤形”或

“细长纺锤形”的简化修剪技术，平均亩用工量仅为 5 个，其商品果率达到 80% 以上；而我国苹果亩用工量为 30~50 个，是欧美发达国家的 6 倍多。其中很大原因是我国栽植的苹果树树冠大、主干低、行间作业道小，不适合机械化作业；还有一部分原因是我国果园地处山地，地势较陡，不便于机械化作业。传统的修剪技术比较复杂，修剪手法有多种，学习难度较大，而现在在农村管理果树的人员，多是年龄较大、接受能力较弱、劳动能力较差的果农，他们需要掌握技术简单易学、管理方便好操作的省力化栽培技术。密植园采用的树形主要为纺锤形、细长纺锤形和高纺锤形，其主要优点如下。

一、树形结构简单，光照条件好

树体一般分为中心干、主枝和结果枝组三级结构，树体结构简单，延长头均单轴延伸，严格控制枝干比，中心干优势强，不易形成小老树；没有大型侧枝，因此树体光照条件好，可以降低病虫害发生，减少农药用量，有利于提高果实品质。

二、修剪技术简单，管理省工省力

修剪手法以疏枝和缓放为主，基本不短截、基本不回缩、基本不留背上枝、基本以下垂枝结果为主，简化修剪工序，简单易学，便于推广；采用宽行高干的栽培模式，主干较高，行间留有作业道，便于机械化作业；树冠小，套袋等技术操作方便，可以提高工作效率，减少人工用量，增加经济效益。

三、结果早，产量高

密植园树形采用纺锤形或高纺锤形，树体成形快，一般三至五年可完成整形，可实现栽后两年见花、五年丰产。虽然其单株产量不高，但亩产较高，结果早、见效快。

第五节　郁闭低效园更新改造

我省现有苹果种植面积中，有 1/3 是郁闭低效苹果园。这部分果园，管理费工、费力，投入产出比低，经济效益低下，严重影响果农的经济收入，制约了苹果生产的优质高效和可持续发展。因此，如何提高现有果园的经济效益，是目前要解决的首要问题。对结果大树修剪的主要任务是进行高光效树形改造（如图 4-10 所示）。

图 4-10　高光效树形改造

一、改造对象、原则和目标

如果主枝和辅养枝数多于 5 个，或辅养枝较大，可以选留作主枝，并且树体高大，应本着“落头、提干、单轴延伸、改变结构、疏除背上、改善光照”等原则进行改造。如果主枝少于 5

个，或辅养枝较小，不适合作主枝，第一层主枝较低，但又不能淘汰，本着“大稳定、小调整，保产量、改善光照，单轴延伸、疏除竞争”的原则进行改造。改造后，每树主枝为4~5个，树高3.0~3.5 m，每亩留枝量为6~7万条，结果枝占总枝量的1/3~2/3，枝干比为1∶5~1∶3。行间作业带保持在1.0 m左右（山地梯田果园株间枝头距0.5 m以上），果园覆盖率控制在75%左右，树冠透光率达到20%~30%，每亩产量保持在2000~3000 kg，优质果率达到60%以上。

二、修剪方法

1. 主枝减量

为了提高前期产量，在初结果期时在中心干上留一些辅养枝，用于辅养树体、补充空间、提高产量，到盛果期时，这些辅养枝应该逐渐疏除或改造成小枝组；对辅养枝处理或改造不及时，会造成辅养枝过大、过多，影响通风透光条件，从而造成冠内郁闭，影响果实品质。

首先，主枝减量要看主枝和辅养枝的数量，对于主枝和辅养枝总数超过5个，并且辅养枝较大，可以替代主枝的，要进行主枝减量操作。先确定永久枝和临时枝，临时枝不能影响永久枝。修剪时，先疏除下层着生位置过低的主枝、对生枝或轮生枝，下层主枝疏除要遵循“逢三去一，对生去一”的原则，即先疏除一个轮生枝或对生枝，再改造其他主枝，减少因主枝“掐脖”对上部生长势的影响，解决下部通风透光条件和方便作业。然后，疏除南部角度较小、遮光严重的主枝；一般一年疏除1~2个主枝，切忌疏除过急，避免影响产量；二至三年内将主干提高到70~100 cm；尽量不在一年内去掉2个对生大主枝，以免造成大伤口；主枝疏除时不要留橛，留一个从上到下10°左右的斜面；锯口要光滑，以利于伤口的愈合。

其次，要疏除中心干上过密、过大、遮光较重的辅养枝，每年去掉1~2个枝，对有空间的临时枝进行回缩改造；一层辅养枝不能多于2个，使层间距保持在80 cm左右，打开层间光照，改善透风透光条件；改造保留4~5个主枝。

对于主枝和辅养枝总数在5个以下，并且辅养枝较小，不适合作永久枝的，不进行主枝减量，主要对主枝上的侧枝进行小型枝化改造，以减少产量的损失，同时改善通风透光条件，提高果实品质。

主枝减量总体遵循“四先四后”的原则，即先轮生后对生、先大后小、先长后短、先粗后细的原则。先疏除轮生枝、对生枝、重叠枝和影响较大的临时枝，先解决主要矛盾，再解决次要矛盾，均衡树势。

2. 侧枝小型化

大多数郁闭果园主枝上着生的侧枝过大，侧枝级次多，1个主枝上着生3~5个大型侧枝，尤其是上层主枝上的侧枝，遮光非常严重，亩枝芽量虽然很大，但是大枝多，结果小枝少，由于侧枝分级多，容易造成果实的叶（枝）磨等损伤，需要用海绵垫来防止损失，造成用工量加大和破损果多的现象。

对下层主枝上的侧枝进行改造，首先疏除把门侧，如果有2个以上的较大的把门侧，则一年疏除1个把门侧，用二至三年时间将其疏除；对其他的较大侧枝的改造，如果在其周围有小枝可利用、大侧枝疏除后不造成光秃带产生的，则将大侧枝一次性疏除，利用周围小枝来培养侧枝或结果枝组；如果在大侧枝周围比较光秃、疏除后会造成光秃带产生并影响产量的，则将大侧枝逐年回缩，改造成小型侧枝结果，防止侧枝交叉；改造后，侧枝在主枝两侧呈鱼刺状平斜排列，侧枝单轴延伸。

上层主枝保持单轴延伸，直接着生结果枝组，不留侧枝。对上层主枝着生的侧枝、大型结果枝组应通过疏除、回缩等措施，改造成松散排列的小型结果枝组，结果枝组和主枝的粗度比例控制在1∶3以上。

保留下来的平斜一年生枝，修剪时不短截，采用缓放的办法，促发中、短枝以促成花。对直立枝、竞争枝、徒长枝采用疏除的方法，利用新发的枝来培养侧枝或结果枝组。

改造后的树，下层主枝上没有大的侧枝，主枝两侧是小型侧枝或结果枝组，侧枝在主枝两侧呈鱼刺状排列，间距30 cm左右；上层主枝直接着生结果枝组。由于分枝级次减少，结构简单，有利于改善冠内通风透光条件。

侧枝改造应遵循“先强后弱、先大后小、基本不短截、基本不回缩、基本不留背上枝、基本上采用疏大枝法、基本上采用缓放法、基本上利用下垂枝组结果”的原则，即先改造大侧枝，再疏除过密小侧枝，注重培养小侧枝，防止光秃，侧枝疏除时不要留橛，减少腐烂病的发生，尽量不短截，多用缓放的手法培养下垂结果枝组。

3. 弱枝带头

如果树体过高，疏花、套袋、喷药、采果都比较困难，需要进行“落头”处理。若落头处理不好，容易造成落头处第二年大量冒条。所以落头必须具备以下几个条件：落头处有分枝，分枝至少有中心干1/3的粗度；落头处下部根枝必须有大量花芽；落头时用中庸偏弱枝带头，防止返旺。

落头时将树头落在中心干上一个较弱分枝处，分枝至少有着生处中心干的1/3~1/2粗，用弱枝带头，防止返旺；落头时尽量不留橛，疏除量不要过大，落头要逐年实行，一般二至三年将树高降到3.0~3.5 m；如果落头处分枝较小，其他处又没分枝可用时，则在分枝上方可留一个 15 cm 以上的保护桩，二至三年后，分枝长到落头处中心干 1/3 以上粗度时，疏除保护桩，最终将树头落在中心干上一个中庸的分枝处，改造后树高为 3.0~3.5 m。落头遵循的原则是“逐年进行，弱枝带头”。

4. 主枝开角

郁闭果园主枝角度大部分小于 70°，由于主枝较直立，生长势较强，不宜成花，并且遮光现象较重，造成内膛无效光区较多，喷药、采果等操作十分困难。

主枝开角要根据树势调整好主枝角度，角度越大枝势越缓。一般将主枝梢角控制在 70°~80°、腰角控制在 80°~90°，打开光路，改善通风透光条件。如果主枝角度较小，回缩到下部角度较好的分枝处，开张角度，同时控制树冠。对于株间或行间交叉的主枝，采取连年回缩的办法，回缩到角度较好的分枝处；如果分枝较大，则采取逐步回缩的办法，一般回缩到二至三年生分枝处。改造完成后，行间不交接，株间少量交叉。

5. 垂帘结果

垂帘结果就是利用下垂结果枝（枝组）来结果（如图 4-11 所示）。下垂结果枝结的果，果形端正、着色好、抗风、减少叶磨和碰伤、套袋摘袋等作业方便。

图 4-11　垂帘结果

首先，利用比较中庸的平斜枝，采取下压改变枝条角度和连年缓放的办法形成中、短果枝，结果后下垂来培养下垂结果枝组，下垂枝直接缓放来培养结果枝组，修剪时尽量不短截、不回缩。其次，对已有的下垂结果枝组要进行更新改造，采用去弱留壮、去老留幼、去大留小、去前留后的办法来改造成下垂结果枝组，结果枝组要单轴延伸，主轴粗度和优势必须强。结果三至五年后，当果台副梢长度小于 10 cm 时，说明结果枝组生长较弱，此时要进行结果枝组更新。结果枝组更新采取从基部疏除进行更新，少用短截，同时疏除过密的细弱枝、交叉重叠枝。改造完成后，以下垂结果枝组结果为主。下垂结果枝组改造遵循“以缓放为主、多疏少缩、轮流更新”的原则。

6. 单轴延伸

无论主枝还是结果枝组，只保留 1 个延长头，避免出现两叉枝或锅叉枝；延长头必须优势突出，势力要强，主轴有绝对的粗度，减少分级级次，主次分明，改善通风透光条件。单轴延伸结合侧枝小型化和结果枝组改造来进行，对主次不分、多头延伸的主枝，疏除外围竞争枝、三叉枝和把门侧；其余的竞争枝逐步改造，有空间的改造成小侧枝或结果枝组，没空间的逐步疏除，改造成只有一个主轴的主枝或结果枝组。

7. 疏除背上

对背上结果枝组改造，主要采取疏除的方法，疏除背上直立枝，留下平斜枝，为了防止日烧，可在主枝的中上部留 1~2 个生长势较弱直立小枝，用于遮挡阳光，防止枝干日烧；如果背上直立枝较多，则采取“隔一去一”和逐年疏除的办法进行改造。疏除背上枝遵循“基本不留、压低高度、逐年进行、隔一去一”的原则，切忌一次全部疏除。

8. 调控枝量

改造后，亩枝芽量控制在 7 万个以内；如果亩枝芽量超过 7

万个，会造成小枝细弱枝过多、果个偏小，就要先清理细弱枝、老枝和光秃的大枝，利用新枝来培养，进行枝组更新，使枝组间距保持在10~20 cm，打开光路，集中营养。

9. 剪锯口保护

疏枝不要留橛，留橛可能萌发分枝，夏剪时还要进行疏枝，如留橛处干枯，不利于剪锯口愈合，还会造成腐烂病的发生。为减少腐烂病的发生，在修剪后24 h内，将剪锯口用成膜型愈合剂涂抹，既可以减少剪锯口处水分蒸发，促进伤口愈合，又能防止腐烂病菌的侵入。

第五章　花果管理

第一节　花芽分化

由叶芽状态开始转化为花芽状态的过程称为花芽分化。果树每年从叶芽形成新枝，由花芽开花发育成果实。花芽与叶芽之间的比例，直接预示了果树的产量。因此，研究果树花芽分化的规律，保证花芽分化的顺利进行是果树栽培的重要任务。

一、花芽分化时期

苹果树花芽分化每年进行一次，一般在6—7月进行，第二年开花。苹果花芽分化是在中、短枝形成顶芽后，长枝生长缓慢时开始的。短枝生长停止最早，花芽分化也最早，中枝花芽分化稍晚一些，长枝更晚，腋花芽分化最晚。岳华、岳冠、岳艳和岳阳红等苹果的长枝顶端在9月初封顶后容易形成腋花芽，在顶花芽受冻后可以开花坐果，弥补顶花芽遭受冻害年份的产量。

二、花芽分化临界期

花芽分化是在生理分化基础上再进行形态分化的。苹果花芽生理分化在新梢停长后2~4周进行，这一时期由叶芽向花芽转化，生长点处于极不稳定的状态，转化的方向容易改变，这段时间就是生理分化期，又称为分化临界期，也是促进花芽分化的关键时期；新梢停长后6~7周开始形态分化，分化盛期在花后10周左右。

三、花芽分化过程

花芽的形态分化就是花的各个花器官的发育过程，苹果的花芽分化可分为以下七个时期：叶芽期；花芽分化初期（花序分化期）；花蕾形成期；萼片形成期；花瓣形成期；雄蕊形成期；雌蕊形成期。

四、花芽分化条件

果树花芽分化是在内、外条件综合作用下进行的。首要条件是花芽分化的物质基础，也就是营养物质积累达到了一定水平；而激素和环境作用也是花芽分化的重要条件。改善光照条件，能抑制新梢旺长促进花芽分化。光照强，生长停止早而花芽形成良好。在花芽分化期，高温（30 ℃以上）、低温（20 ℃以上）都会影响果树的花芽分化，花芽分化的适温为20 ℃左右；花芽分化临界期之前短期控制水分（60%左右的田间持水量），可抑制新梢生长，光合产物积累多，有利于花芽形成。

五、促进花芽分化的栽培措施

促进苹果树花芽分化形成的基本出发点是培养健壮树势，在增加营养物质总量的基础上，在花芽分化临界期适当地控制生长，加强营养积累，使代谢方向发生相应的改变。

1. 促前期生长，建立高效叶幕

花芽形成与碳水化合物营养水平关系密切，叶面积的多少影响碳水化合物的积累。因此，要积极促进前期生长，为增加碳水化合物营养水平打下基础。秋季保护好叶片，防止秋梢旺长，并且秋施基肥，提高树体内营养贮存，为下一年早期生长贮存营养。

2. 合理修剪，促发短枝

优质花芽着生在短枝上。短枝叶片集中，停止生长早，对花芽分化有利。因此，促发短枝是促进花芽分化、增加花芽量，进而提高果实产量和果品质量的重要途径。对幼树一定要轻剪，并以夏季修剪措施为主。要多保留枝、芽，增大叶面积。对强旺枝条要采取开张角度、拿枝、刻芽、缓放；对骨干枝延长头采取疏除竞争枝、保留原头等方法，且不短截、不回缩，促发短枝，迅速提高短枝比例。

3. “分化临界期”调控

在临界期时，进行枝、干环剥，在一段时间内限制碳水化合物向下运输，控制新梢的生长。在大部分枝条形成顶芽并停止生长时，相应控制水分，造成短期干旱胁迫，提高细胞液浓度，有利于花芽分化。也可在临界期前一周，通过植物激素中的生长抑制剂控制新梢生长，促进花芽分化。

4. 花前复剪与疏花疏果

春季开花前，如果树体花芽量过大，采用花前复剪的方式，疏除过量的花枝；开花坐果后，疏除过量的花和果实，既可减少养分消耗，保证当年的果品质量，又可减少产生赤霉素的数量，有利于花芽的形成。另外，采用抗寒矮化砧苗木、高接换种等方式，有利于花芽分化。

第二节　萌芽和开花

果树萌芽标志着休眠的结束和新的一年生长发育时期的开始，而开花则是果树生殖生长的出现。

一、萌芽

果树萌芽包括叶芽和花芽的膨大萌发。叶芽萌发是从芽膨大到幼叶分离为止，花芽萌发是由花芽膨大到花蕾伸出为止。

二、开花

从花瓣松裂时起到花瓣脱落为止称为开花期。同一株树上不同枝类开花时期也不同，通常短果枝先开，长果枝和腋花芽后开。同一花序开放时间也不同，苹果花序中心花先开，花序边花后开。

三、授粉受精

果树开花后要经过授粉受精才能结出果实。授粉是指雄蕊的花药成熟裂开，散放出的花粉被传到雌蕊柱头上的过程。受精是指花粉在柱头上发芽，花粉管伸长生长，通过花柱到达子房中的胚囊与卵子结合的过程。

1. 自花授粉与自花结实

苹果在同一品种内，株与株、花与花之间的授粉叫作自花授粉。自花授粉后，能获得果实者叫作自花结实，如能进行异花授粉，果实产量也能显著提高。

2. 异花授粉与异花结实

大多数苹果品种自花授粉不能形成果实，这种现象称为自花不结实。这些品种必须与其他品种进行异花授粉才能结果。供给花粉的品种叫作授粉品种，称为授粉树。

3. 授粉方式和时间

果树授粉往往都需要通过某种媒介来完成。而苹果的花粉较大，有黏性，主要靠昆虫传粉（特别是蜜蜂或壁蜂），被称为虫媒花。果树开花初期，柱头新鲜，其上有晶莹的黏液，此时是授粉最佳期。

4. 影响授粉受精的外界因素

温度影响花粉发芽和花粉管生长。苹果花粉发芽和花粉管生长的适宜温度是10~25 ℃，温度也影响花粉通过花粉管和花柱的时间。低温会影响昆虫的活动，一般蜜蜂活动需要15 ℃ 以上温度。花期低温，会使花粉、花柱、胚囊受到伤害。低温时间长，开花慢而叶生长快，叶首先消耗了贮存的营养，不利于胚囊的发育和受精。

大风不利于昆虫的活动，还会使柱头干燥，不利于花粉的发芽。花期阴雨潮湿也不利于传粉，花粉会很快失去生活力。空气污染也会影响花粉发芽和花粉管的发育。

四、花期管理技术措施

1. 防止低温伤害

近些年来，我国苹果产区常因早春倒春寒引起花芽或花蕾冻害，严重影响果树产量和质量。果园熏烟是防止花期低温伤害的有效措施。在寒流即将来临前，在果园周围点火生烟，让烟雾弥漫整个果园上空。早春灌水，花前喷 B9、青鲜素等生长调节剂，萌芽前树干涂白，会使萌芽和开花期推迟，躲过寒流。有条件的果园在全园四周及上部罩防风网，可以有效缓解寒流危害。

2. 提高树体营养水平

果树萌芽开花主要依靠树体内贮存的营养，因此，应该从上年的夏秋季就要为来年的萌芽开花打好物质基础。果实负载量要合理，防止新梢徒长，减少营养的消耗。叶面喷肥，秋施基肥，花前灌水、追肥，均有利于树体的营养积累，使花期的生理活动正常进行。

3. 保证授粉受精

在建立果园时合理适量地配置授粉树，若授粉树配置不当，也可高接授粉枝或人工辅助授粉。建园前必须建立防风林，为授粉创造良好的环境条件。

果园养蜂和花期放蜂对果树授粉受精极为有利，可明显提高结实率。此外，应大力提倡根外（叶面）追肥，花期喷0.3%～0.5%的尿素，特别是对弱树，可明显提高坐果率。花前喷1%～2%的硼砂，花期喷0.1%～0.5%的硼砂，也会促进坐果。

第三节　果实的发育

果实发育通常从花谢后开始算起，至果实达到生理成熟为止。

一、坐果和落花落果

1. 坐果

苹果花经过授粉受精后，花托膨大而发育成果实称为坐果。

2. 落花落果

从花蕾出现到果实采收前发生的花、果脱落现象，称为落花落果。果树开花极多，盛果期苹果大树每株可达3万～5万朵花，如此大量的花不可能全部结成果实，大部分要自然脱落，这正说明了果树对自然界的适应性。

实际观察结果证明，苹果树一年内发生3～4次落花落果。第一次是在开花后子房未膨大前花即脱落。第二次是在花后2周，子房已经膨大，是受精后初步发育的幼果。第三次是在第二次落果后2～4周出现，通常称为“6月落果”。在果实成熟前还有落果现象，称为采前落果。

3. 落花落果的原因

不是由机械和外力造成的落花落果，统称为生理落果。造成生理落果主要有以下几个原因。

(1) 授粉受精不良。

第一、第二次落花落果主要是由授粉受精不良造成的，与花芽发育不好和冬春不良条件有关。

(2) 生长素不足。

生长素主要由种胚产生。由于受精不完全，形成种子少，生长素不足或生长素不平衡，满足不了果实发育的需要，引起果柄形成离层。

(3) 外界环境条件不良。

早春低温、多湿、光照不足，都会影响花粉发芽或胚的发育。花期多雨、花药不易开裂散放花粉、柱头分泌物易被冲失等，不利于授粉。干旱容易引起花柄、果柄形成离层。

(4) 营养不良。

第三次落果主要是由营养不良引起的。花期营养不良，硼、锌或氮素等不足，都会导致落花落果。幼果在发育时，需要大量养分，特别是氮素，而此时新梢正值旺长时期，同样需要大量的氮素。此时氮素不足，两者之间发生了矛盾，养分多被新梢生长所吸收，常使胚的发育停止而引起落果。

(5) 品种。

有些品种在果实成熟前容易出现采前落果，应分期、分配进行采收，或栽植不采前落果的品种。

二、果实生长动态

果树果实的发育要经过细胞分裂、组织分化、种胚发育、细胞膨大、细胞内部营养物质大量积累和转化的过程。

1. 由坐果到果实成熟的时间

中晚熟苹果品种从授粉受精开始，到果实完全成熟需 124~165 d。

2. 果实增长特点

通常果实增长分为三个时期：第一个时期，子房等部位速长期，胚乳和胚缓慢生长；第二个时期，内果皮木质化，胚乳和胚迅速生长；第三个时期，中果皮迅速生长。

3. 果实纵、横径的生长特点

果实细胞的分生组织与根、茎不同，没有形成层，属于先端分生组织。幼果期果实的纵径生长快，超过横径生长；随着细胞体积增大，横径增长超过纵经。一般情况下，在开花后果实纵经生长快的，说明细胞分裂旺盛，具有形成大果的基础，这可以作为早期预测果实大小的指标，供人工疏果时参照。果实纵径与横径之比叫作果形指数，果形指数是衡量果实品质的标准之一。

三、影响果实发育的因素

1. 细胞大小和细胞数量

果实发育的大小决定于细胞数量、细胞大小和细胞的间隙。

2. 树体营养

果实发育的大小取决于树体的营养。果实细胞分裂时需要有较多的氮、磷和碳水化合物的供应，能从树体获得营养供应。因此，树体贮存碳水化合物的多少及早春分配情况，就必然影响果实细胞分裂，如果减少细胞数量，那么将影响果实的大小。

果实发育中后期，主要表现在果肉细胞体积增大，果实质量的增加主要出现在这个时期。要保证叶片光合作用，保持叶果比在（25~35）：1。叶片是否形成早、面积大以及叶片的叶片厚度，不仅决定当年贮存营养多少，而且有利于第二年的果实发育。在一定限度内，叶数越多，果实越大；但如果超过一定限度，果实反而变小，其原因是枝叶徒长，与果实发生营养竞争，影响了果实营养的需求。

3. 无机营养

缺磷则果实细胞数目减少。钾对果实增大和果实增重有明显作用；钾多，鲜果中水分百分比增加。施用钾应在新梢停止生长前，先提高叶片中钾的含量；随果实增大，叶片中钾向果实中转移。

钙与果实细胞结构的稳定和降低呼吸强度有关。缺钙会引起果实生理病害，如苹果的苦痘病、斑点病和水心病。钙进入果实主要在前期，因此大果易出现缺钙生理病害。钙只能从根部经木质部供应，不能从叶经韧皮部向果实供应。旺盛生长的新梢顶端也需要钙，会与果实发生竞争。前一年秋季树体吸收的钙，因此第二年可供给果实初期发育的需要。

4. 水分

果实内含水分 80%~90%。保持水分的供应是果实增大的必备条件。特别是在果实细胞增大时期，此时水分供应不足，会导致果实生长量明显减少，即使后期多供水也不可弥补。

5. 温度和光照

同一品种生长在适温地区比不适温地区果实大。果实在前期与温度的相关性大，发育后期受光照的影响明显，因果实主要在夜间生长速度快，所以夜间温度对果实发育影响很大。

6. 种子

果实内种子的数目和分布会影响果实的大小和形状。种子少，果个小。苹果果实心室内没有种子的一面生长慢，形成不对称果实。苹果果实的每个心室内达到 2~3 粒或以上种子时可以发育成大果实。

7. 激素

果实的生长发育受多种内源激素的调节。种子是产生生长素的中心，应用细胞激动素和生长素可使苹果果肉组织离体生长。

生长素可使细胞壁延伸，增加果胶物质的合成。激素对果实吸收水分、保持水分均衡有作用。

四、果实品质发育

1. 果实甜味

果实甜味与其中糖和淀粉的形成有一定关系。果实中的糖主要有葡萄糖、果糖、蔗糖。其中，果糖最甜，其次是蔗糖和葡萄糖，而葡萄糖风味好。苹果中含葡萄糖和果糖多，蔗糖次之。

2. 果实酸味

苹果中含苹果酸多，可达0.2%~0.6%。在果实发育过程中，酸含量的一般变化趋势是幼果低，随着果实的生长发育，有机酸含量增加，果实成熟时酸的含量减少。

3. 提高果实品质和促进果实生长的栽培措施

首先要保证花芽分化良好。生产实践证明，花芽大、单花序内花数多的坐果好，果个大。所以加强前一年的管理尤为重要。其次，其主要栽培措施包括：减少营养消耗、合理修剪，防止枝条旺长、控制果实产量，使花芽分化充分；增加营养的贮存，进行早秋施肥和叶面喷肥。

第四节　授　粉

一、壁蜂授粉

我国苹果园用于授粉的壁蜂有角额壁蜂、凹唇壁蜂、紫壁蜂等。它们属膜翅目、切叶蜂科、壁蜂属，为群聚独栖昆虫；一年一代，以卵、幼虫、蛹、成虫在巢管内越夏、越冬，可利用成虫在巢管外活动约20 d的放蜂传粉。壁蜂的出茧率约为80%，雌雄比约为 1∶1.4，以雌蜂进行传粉；壁蜂开始飞翔传粉的气温为 12~15 ℃，一天中以 10 时至 16 时飞翔传粉最为活跃；传粉较好的飞翔距离为 40 m 内，一个雌壁蜂是一个蜜蜂（工蜂）传粉能力的 80 倍左右。其繁殖倍数，角额壁蜂约为 3.5 倍，紫壁蜂约为 5.0 倍，凹唇壁蜂约为 6.5 倍。由于壁蜂的放风时间短，绝大部分时间在巢管内越夏、越冬，既便于驯养管理，又基本不影响果园防治病虫的喷药；飞翔传粉的气温低，传粉能力强；繁殖较快；故壁蜂授粉在苹果产区应用发展很快，具有推广利用的价值。苹果园利用壁蜂授粉的主要技术如下。

1. 防止壁蜂中毒死亡

放风前 10 d 至回收巢管之间停止使用杀虫农药和避免污染水源。

2. 巢管和巢箱制作

巢管用旧报纸或牛皮纸卷成纸管，纸管的内径、壁厚、长度分别为 6，0.9，160 mm 左右。将两端切平，50 支巢管为一捆，一端作管底，将管底撞齐后用黏泥土封底；另一端敞口并用广告色染成红、绿、橙、白、蓝、黄等不同颜色，以便壁蜂识别颜色和位置归巢。巢箱用瓦楞纸叠制而成，仅一面敞口，其内径长、宽、高分别为 15~25，15，25 cm。巢箱除露出一面敞口外，其他五面用塑料薄膜包严实，以免雨水渗入。每个巢箱内装有 4~6 捆巢管、有 200~300 根巢管和 200~300 个成蜂或蜂茧。

3. 巢箱安置

选择果园宽敞明亮、前方 3 m 内无树木房屋等遮挡物处安置巢箱。巢箱敞口朝向东南或正南；巢箱底部用高出地面 35 cm 以上的牢固支架垫高，支架上涂抹废机油，预防蚁、蛙、蛇等侵入巢箱；箱顶再盖遮阴防雨板压紧。在巢箱右前方 1 m 处，在地面挖一个长 40 cm、宽 30 cm、深 60 cm 的坑，坑内放一些黏泥土，每晚加水1次拌和泥土，以便壁蜂产卵时采湿泥筑巢。巢箱安置好后，不要再移动位置，以便蜂群返回原处。

4. 放风时间和数量

在苹果树开花前2~3 d，从冰箱取出蜂茧，剪破蜂茧，分装在巢管中，每根巢管装入1个蜂茧或成蜂，然后将巢管放入巢箱中，大约在20 d之内可完成苹果园的授粉和壁蜂的筑巢产卵，每个巢箱可供1000~2000 m^2的苹果园授粉。

5. 巢管回收与保存

苹果树落花后，傍晚收回巢箱，取出巢管，将巢管平放吊挂在通风阴凉的室内，在常温下保存，来年2月，拆开巢管剥出蜂茧装入罐头瓶中，用纱布封口，置于冰箱内，在0~5 ℃下保存到苹果树开花前2~3 d备用。

二、人工辅助授粉

苹果园内未配置适宜授粉品种，花期遇阴雨、低温、大风等使昆虫活动受限，花前遇到霜害等问题，需要进行人工辅助授粉。这一方法有利于促进受精和获得优质丰产的果实。人工辅助授粉的技术内容如下。

1. 采花取粉

在被授粉品种树开花前，在花期相似的多个授粉品种树上结合疏花，每个花序采2~3朵含苞待放的边花。采花量根据需花粉量决定。就苹果树来说，10个人一天可采鲜花大约20 kg，约出鲜花药1 kg，约出干花粉0.2 kg，可供3000 m^2的盛果期树授粉用。

采集鲜花后，在室内取花药。用两手各拿一朵花相对摩擦，使花药、花丝、花瓣落在纸上，过筛除去花丝和花瓣等杂质，仅保留花药。将花药平铺在光洁的纸上，在室内20~25 ℃的通风条件下，一天翻动2~3次，通常1~2 d就完全散出花粉。该花粉可用于当年授粉，也可装入玻璃瓶内，盖瓶塞后加蜡密封，保存在冰箱 0~5 ℃条件下贮藏一年再用，其受精能力仍很强。

2. 人工授粉

人工辅助授粉以多品种的混合花粉较好。苹果的花，以开放 1~2 d 受精能力最强，开放 3 d 以后受精能力较弱。由于苹果的花是分批开放的，在初花期和盛花期中共需人工辅助授粉 2 次，但 1 朵花只授粉 1 次即可，每次授粉以上午进行最好。人工辅助授粉有多种方法：一是干花粉点授，用自行车气门芯反卷成双层插在铁钉上作成授粉器，将 1 g 花粉加 5~10 g 玉米淀粉作填充物拌和均匀，装放小瓶中，用点授器蘸花粉点授柱头。二是使用专用授粉器授粉，严格按照授粉器使用说明进行。三是液体授粉，授粉营养液配制方法为每升纯净水加入 75 g 蔗糖和 100 mg 硼酸，充分溶解后再加入 0.8 g 纯花粉混匀，尽快喷雾授粉。喷雾时，由上风开始向下喷雾，选择在初花期至盛花期、开花量在 40%~50%时进行。

三、专用授粉树的应用

1. 品种选择

通过几年生产实践，可以选择红玛瑙、雪球绚丽、满洲里、秋实等作为专用授粉树。

2. 栽植方法

按照（15~20）：1 的比例，在定植行的两端或作为行道树栽植，如果定植行较长，则按照比例在定植行内栽植。

第五节　疏花疏果

疏花疏果的理论基础是叶果比，即要保持健壮树势、增大果个、克服大小年结果现象。1个花果应有一定的叶面积或叶片数。在良好的综合栽培条件下，对于乔砧苹果树，1个果需50~60片叶；对于矮化中间砧树和短枝型树，1个果需35~45片叶。

按照花果的间隔距离进行疏花疏果，在良好的综合管理条件下，乔砧树果实间距以25 cm左右为宜，可以采取留单果为主，结合留双果为辅的方式。矮化中间砧树果实间距为20~25 cm,但均宜留单果。

苹果结果树中，二至四年枝龄和粗壮果枝的结果能力强，坐果率高、果实也大，五年枝龄以后和较细弱果枝的结果能力明显逐渐减弱；花序的中心花先开，边花由里向外逐渐开放，先开的花比后开的花所获得的贮藏营养多，所以中心花比边花所结的果实形状好，果个和果形指数也较大；疏花序，不要伤及莲座叶。当顶花芽较多时，不留腋花芽的花序；当顶花芽较少时，可以留一部分腋花芽的花序以补充产量不足，同时可以控制树体旺长；疏花蕾和幼果时，可以剪除或用3个指头摘除，应留下花梗和果梗，以免损伤果台和保留花果的梗部而影响坐果。留下的花梗和果梗以后会枯萎脱落，即使不脱落，也不会影响留下的果实外观。

一、人工疏除

1. 疏花

疏花宜在花序伸出期至花蕾分离期进行，此期间至少有7 d时间，以便于识别优劣和操作，主要是按照间距疏除过多、过密的瘦弱花序，保留一定间距的健壮花序；也可以进一步对保留的健壮花序只保留完好的 1 个中心花蕾和 1 个侧花蕾，或 2 个完好的边花蕾，疏除其他的花蕾。

2. 疏果

疏果应在盛花期（即 50%~75%中心花开放时期）以后 30 d 内完成，超过 30 d 不利于花芽形成，难以克服大小年结果现象，如能在盛花期以后 20 d 内完成则更好。疏果时，应按照间距每个果丛保留 1 个完好的中心果或边果。

大小年较严重的树，如矮化砧、乔化砧等较衰弱树，应按照间距以疏花序结合疏花蕾为主，以疏果为辅；实生砧树、中庸健壮树等，可以按照间距先疏花序，然后再疏果。在一般情况下，疏除花序的短果枝和无花短枝的数量能占到全树枝量的 35%左右，再加上适当的疏果，不仅能促使当年增大果个与果形指数、保持健壮的树势，还能保证来年所需的开花量。

二、化学疏花疏果

对花果过多的苹果树，尤其是矮砧集约栽培的苹果树，可以在适当的时间喷布疏花剂和疏果剂，操作中多在盛花期喷布疏花剂，花后 10~25 d 喷布疏果剂。喷疏花疏果剂后，树上幼果太多时可在盛花后 30 d 内完成人工定果。

1. 化学疏花

（1）石硫合剂和“智舒优花”疏花。

如自制石硫合剂乳油，应使用 0.5~1.5 波美度的石硫合剂；如石硫合剂为 45%晶体，可配比 150~250 倍液，“智舒优花”配比 150~250 倍液；于初花期和盛花期各喷施一次，能杀伤开放 2 d 以内的花，使其脱落；对未开放和开放 3 d 的花无杀伤作用。该浓度石硫合剂对苹果树枝叶无药害，有兼治病虫的效果。

（2）植物油疏花。

可选用橄榄油、花生油，用于封堵柱头，阻止花粉萌发，使用浓度为30~50 g/L（20~33倍液）的液体，于初盛花期和盛花期各喷一次。

2. 化学疏果

（1）萘乙酸（萘乙酸钠）疏果。

萘乙酸与萘乙酸钠的使用浓度分别为（1~2）$\times10^{-5}$和（3~4）$\times10^{-5}$，于盛花后10 d（中心果长至5~7 mm）喷第一次，盛花后20 d（中心果长至10~12 mm）喷第二次。

（2）“智舒优果”疏果。

“智舒优果”的使用浓度为1.5~2.5 g/L，于盛花后10 d（中心果长至5~7 mm）喷第一次，盛花后20 d（中心果长至10~12 mm）喷第二次。

（3）6-BA疏果。

6-BA疏果的使用浓度为（1~3）$\times10^{-4}$，于盛花后15 d（中心果长至8~10 mm）喷第一次，盛花后25 d（中心果长至18~20 mm）喷第二次。

3. 化学疏花与疏果配套方案

于盛花期喷施“智舒优花”150~200倍液进行疏花，花后10 d喷施萘乙酸或“智舒优果”进行疏果；或于盛花期喷施“智舒优花”150~200倍液进行疏花，花后15 d喷施6-BA进行疏果。

第六节　套袋与着色

我国自20世纪80年代从日本引进套袋技术，开始在苹果上应用，已经形成了一整套比较完整的套袋综合技术体系。苹果套袋可以显著提高果实外观品质，促进果实着色艳丽。套袋可以使果皮细嫩、果面光洁、无果锈。套袋后，果实与外界隔离，病菌和害虫不能入侵，可有效防治轮纹病、炭疽病、桃小食心虫等病虫的危害，能减轻冰雹等机械损伤，减少农药污染和残留。因此套袋果实深受消费者的欢迎，而且售价高，经济效益也高。

苹果套袋也存在一些不利的方面，如降低果实糖度、导致风味淡、果实硬度降低、增加产生日灼的可能性，也可能增加缺钙生理病害的发生。另外套袋费时费工，增加生产成本。

一、果袋的类型

目前，我国苹果生产应用的果袋类型多种多样。从果袋的制作材料上分为木浆纸、草浆纸、牛皮纸、报纸、无纺布、塑料等。从袋纸的来源上分为国产纸、进口纸。根据果袋透光与否，又可分为透光袋和遮光袋，遮光袋又有单层遮光袋和双层遮光袋之分，外袋的内涂层颜色一般为黑色或深褐色，内袋的颜色通常有红色和蓝色等。一般而言，进口袋优于国产袋，双层袋优于单层袋。

二、套袋的时期和方法

1. 时期

根据品种不同，苹果套袋宜在落花后 30~35 d 开始，在 6 月上中旬进行，辽宁地区 6 月底套袋结束。若套袋过早，不利于幼果发育和选果；套袋偏晚，果面粗糙，难免发生果锈，退绿程度差，也不便操作。套袋前 2~3 d，全园要喷布一遍高质量的杀菌剂和杀虫剂，将病虫消灭在袋外。如套袋期间遭遇降雨，雨后应再次喷布杀菌剂。套袋时间应在晴天 9：00—11：00和 14：00—18：00 为宜。同时，一个果园最好是所有果实全部套袋，以便管理。

2. 方法

果农应按照套袋技术规范操作，将袋子下部两角横向捏扁向袋内吹气，撑开袋子，袋底须朝上，袋口扎丝置于左手，纵向开口朝下，从上往下套，果柄置于纵向开口基部，幼果要悬于袋中，不能碰伤果柄和幼果，勿将枝叶套入袋内，将袋口横向折叠。用袋口处的扎丝在纵切口的背面折叠，夹住袋口，要扎严扎紧。

三、摘袋的时间与方法

1. 摘袋时间

根据苹果品种不同，应在果实采前 12~20 d 摘袋。如果摘袋太早，易使果面粗糙，且着色暗红而不艳，易发生日灼和轮纹病；如果摘袋太晚，则会导致果实含糖量低、风味淡、不易着色，且采收后易褪色。

2. 摘袋方法

先摘外袋，再摘内袋。最好在阴天摘除外袋，一般在袋内外温差较小时摘袋，即 10：00—16：00 摘除外袋。经 3~5 d 后摘除内袋，摘内袋时应于 9：00—12：00 摘树冠东、北方向的，14：00 —16：00 摘树冠西、南方向的，避免日灼发生。

四、摘叶

摘叶是摘除对果实较严重遮光的叶片和枝梢的简称。有些叶片直接覆盖于果面，摘叶可以改善果实受光条件，是增进着色的一项技术措施。一些生产果园的实践经验表明，在除袋后于 9 月底至 10 月上旬，摘叶量占树冠总叶量 30%左右，对来年开花结果没有不良影响，对果实可溶性固形物含量影响不大，对促进果实着色极为明显。摘叶量过少，增色的效果不佳；摘叶量过多，虽然树上的全红果率增高，但果色不够浓红或鲜红。通常摘叶分两次进行，第一次除袋后，摘除贴果叶、果台枝基部叶，适当摘除果实周围 5~10 cm 范围枝梢基部的遮光叶，增加果面的受光程度；第二次间隔 10 d，剪除树冠外围多余的梢头枝梢，冠内的徒长、密生枝梢，摘除部分中、长枝下部叶片，改善树冠通风透光条件，增进果实着色。摘叶时，可只摘除叶片，留下叶柄。

五、转果

转果是促进果实阴、阳面均匀着色的一项技术措施。摘袋后经 5~6 个晴天，果实阳面即着色鲜艳，就应转果。转果迟了，阳面虽能着色浓红，但阴面转到阳面后着色缓慢，采收时果实两面红色浓度不匀、反差大。一些果柄短的苹果品种，转果时，要用左手捏住果柄基部，右手握着果实将阴面转到阳面，使其着色；如转动的果实缺乏依托，可用透明胶布加以牵引固定，保持到适期采收。栽培中，建议利用下垂枝结果，降低转果数量，达到省工、省力的作用。

六、铺反光膜（幕）

铺反光膜（幕）是提高全红果率的一项技术措施。通过反射光使树冠中、下部果实，特别是果实萼洼处受光着色，为了使树冠下的银色反光膜（幕）发挥其应有的反光作用，树冠的枝、叶量不能过密，除了整形修剪时注意留枝量外，还应在铺反光膜（幕）前适当地摘叶，争取树冠的地面透光率为 30%以上。通常，每个树冠下用 3 幅银色反光膜（幕），每幅宽度为 1 m^2，其中一幅用剪刀从中央裁为两个半幅。反光膜的边缘与树冠外缘对齐，反光膜的周边用砖或土压实，反光幕用卡扣扣在地面。采果前收起反光膜，洗净擦干后保存，供来年使用。

第六章　土肥水管理

苹果果园的土肥水管理，是苹果树增产的基础，是综合管理的中心。在苹果树生长发育的过程中，要经常不断地从土壤中吸收水分、养分和一部分空气，才能保证树体的正常生长发育。因此，在苹果树生长发育时期，要清楚树体的需水、需肥规律，为树体生长创造适宜的生长环境，最终达到早结果、早丰产、高产、稳产、优质的目的。

第一节　土壤管理

果园土壤是支撑苹果树和维持生存的物质基础，是其生长发育一系列生命活动的重要载体。土壤不仅为树体生长发育提供矿质营养元素、水和空气，而且能提供微生物、热量和部分能量。

一、土壤质地与土壤肥力

苹果树生长发育最理想的土壤环境是土层深厚、疏松、透气性好、有机质含量高、中性偏酸、总盐含量在0.4%以下、地下水位低于2.0 m的壤质土。果园土壤质地与土壤通气、保肥、保水、保温及耕作的难易有密切关系，基本的土壤质地类别一般分为砂质土、黏质土和壤质土。

1. 砂质土

砂质土主要肥力特征为蓄水力弱、养分含量少，保肥能力差、土温变化快，但通气性、透水性好，易耕作。由于砂质土壤含砂粒较多，黏粒少，颗粒间空隙比较大，所以蓄水力弱、抗旱能力差。砂质土本身所含养料比较贫乏，保肥性差；但通气性、透水性较好，有利于好氧性微生物的活动，肥效快、猛而不稳，前劲大，后劲不足。

砂质土壤因含水量少，热容量较小，所以昼夜温差变化大，土温变化快。这对于某些作物生长不利，但有利于碳水化合物的累积。砂质土的栽培要点为：化肥施用少量多次，后期勤追肥；多施腐熟有机肥；勤浇水。

2. 黏质土

黏质土的主要肥力特征为保水、保肥性好，养分含量丰富，土温比较稳定，但通气性、透水性差，耕作比较困难。由于黏质土壤含黏粒较多，颗粒细小，孔隙间毛管作用发达，能保存大量的水分，但是水分损失快，保水抗旱能力差。黏质土壤含黏粒较多，一方面黏粒本身所含养分丰富；另一方面黏粒的胶体特性突出，保肥性好。

黏质土壤由于蓄水量大，热容量也较大，所以昼夜温差变化小，土温变化慢，这有利于植物生长。黏质土壤由于土壤颗粒较细，颗粒间空隙小，大孔稀少，所以通气性、透水性差，不利于好氧性微生物的活动。化肥一次用量可适当增加，前期追施速效化肥；有机肥宜用腐熟度高的；湿时排水，干旱勤浇水，还可压面堵塞毛管孔隙。

3. 壤质土

壤质土是介于黏质土和砂质土之间的一种土壤质地，这种土壤的颗粒组成上同时含有适量的砂粒、粉粒和黏粒。在性质上兼具备砂质土和黏质土的优点，是较理想的土壤。壤质土具有通水、透气、保水、保肥的特点，适宜苹果树的生长。

壤质土含大小颗粒、空隙适中、排水和涵水适中。优良的壤土含有高达50%的空隙，内含水和空气各半，其他为适当比例的碎石、沙粒和黏土，另外还有大量的腐殖质。富含腐殖质的壤土酸碱值较稳定，具有较强的调节能力。壤质土春季升温较慢，保水保肥较好，土壤结构良好，便于耕作，有机质和天然养分较为丰富。

二、土壤管理制度

对于苹果园行株间的土壤采取某种方法进行管理，常年如此，并作为一种特定的方式固定下来，就形成了果园的土壤管理制度。归纳起来主要有果园生草制、清耕制、覆盖制、清耕覆盖作物制、免耕制和间作制等。每种管理制度各有其优、缺点，生产中应根据苹果园的品种与砧木类型、栽植密度、树龄、土壤肥力、立地条件等选用适宜的土壤管理制度。

1. 果园管理方法

（1）清耕法。

清耕法是在果园内不种植作物时，经常进行耕作，使土壤保持疏松和无杂草状态。清耕法通常采用秋季深耕、春季多次中耕的方法，短期内可显著增加土壤有机态氮素；但是如果长期清耕，土壤有机质会迅速减少，结构受到破坏，使苹果树生长发育受到影响。山地果园实行清耕，还会增加水土流失现象的发生。

（2）覆盖法。

覆盖法是利用各种有机或无机材料，在苹果树的树盘、行内的土壤地面进行覆盖的方法。采用的覆盖物可以分为有机物质（多为农作物秸秆）、无机物质、塑料薄膜和土表膜制剂四大类。苹果园覆盖多在树冠下覆盖杂草、秸秆、木屑和地膜等覆盖物。果园覆盖后，能防止水分流失，抑制杂草生长，减少蒸发，防止返盐，积雪保墒，缩小地温昼夜变化幅度，增加土壤有机质和含水量。

（3）生草法。

生草法是指除树盘外，在果树行间播种禾本科、豆科等人工草种的土壤管理方法。广义的概念还包括自然生草管理法。生草地不再有除刈割以外的耕作，人工生草地由于草的种类是经过人工选择的，它能控制不良杂草对果树和果园土壤的有害影响。

果园生草法在欧美及日本等国的应用十分普遍。生草后土壤不进行耕锄，省工省力节省成本，改善土壤的理化性状，保持良好的团粒结构。果园人工生草，可以是单一的草种类，也可以是两种或多种草混种。常用的草种为三叶草、紫云英、草木樨、黑麦草等。通常果园人工生草多选择豆科的白三叶草与禾本科的早熟禾草混种。白三叶草根瘤菌有固氮能力，能培肥地力；早熟禾耐旱，适应性强。两种草混种发挥双方的优势，比单种一种生草效果好。

（4）免耕法。

免耕法又称为最少耕作法，即在果园土壤表面不进行耕作或极少耕作，而主要用化学除草剂除草的一种土壤管理方法。该方法土壤不进行耕作，地表面易形成一层硬壳，该硬壳层不向土壤深层发展。免耕法果园无杂草，可减少水分消耗，使土壤结构保持自然状态。免耕法适宜土层深厚、土壤质地较好的果园采用。

目前，苹果园使用较广泛的除草剂有草甘膦、西马津、扑草净等。但免耕法也有其缺点，由于对除草剂的依赖性强，在进行绿色无公害生产时会受到一定限制，如进行 AA 级绿色生产时，则禁止使用一切有机合成的除草剂。

2. 果园土壤改良

果园土壤改良主要包括深翻熟化、增施有机肥、培土掺沙、低洼盐碱地排水洗碱、酸性土壤增施有机质和石灰等。

（1）果园土壤深翻熟化。

果园通过深翻可以加深土壤耕作层，为苹果树根系生长创造良好的环境，土壤深翻后疏松程度增加，有利于根系向纵向延伸生长。深翻结合增施有机肥可改善根系分布层土壤的通透性和保水性，且对于改善根系生长和吸收环境、促进地上部生长、提高果树的产量和品质都有明显的作用。

土壤深翻在一年四季都可以进行，但通常以秋季深翻效果最好，秋季深翻一般结合秋施基肥进行。深翻的深度应略深于果树根系分布区，一般深度要达到 80 cm 左右。在苹果建园初期应有计划地逐年进行深翻扩穴，直到全园深翻，为根系生长提供适宜的环境。

（2）增施有机肥。

有机肥料亦称“农家肥料”。凡以有机物质（含有碳元素的化合物）作为肥料的均称为有机肥料。生产中常用的有机肥包括人粪尿、厩肥、堆肥、绿肥、饼肥、沼气肥等。有机肥含有的养分多，但相对含量低，释放缓慢，有机质分解产生的有机酸还能促进土壤和化肥中矿质营养元素的溶解。

苹果园增施有机肥，可以改良土壤、培肥地力。有机肥能有效地改善土壤理化状况和生物特性，增强土壤的保肥、供肥和缓冲能力，为作物的生长创造良好的土壤条件。苹果园通过增施有机肥，可以增加产量、提高品质。有机肥料含有丰富的有机物和各种营养元素，为农作物提供营养。有机肥腐解后，为土壤微生物活动提供能量和养料，促进微生物活动，加速有机质分解，产生的活性物质等能促进作物的生长和提高农产品的品质。

（3）培土与掺沙。

土壤沙性较重的果园土壤漏水漏肥严重，土壤疏松，有机质缺乏，蒸发量大，保温性能低，肥效利用率差。培土是此类果园土壤改良的有效方法，即把各种厩肥、河泥、塘泥、熟化的土壤在春耕或秋耕时翻入土中，使底层的黏土与沙土掺和，以降低其沙性。每年每亩施河泥5~10 t，结合耕作，增施有机肥，使沙性土壤与肥土相互融合，改善土壤的理化性状。土壤中的有机质可以为作物生长提供所需要的养分，增强土壤的保肥能力和缓冲能力的作用。

土壤为黏重土壤的果园土壤一般黏性较大，通透性差，保水保肥能力强，易积水，潜在养分含量高，有机质分解慢，易积累，肥劲长，昼夜温差小，不易耕作，宜耕期短，耕作质量差，土壤结构差。掺沙是此类果园土壤改良的有效方法，每亩地施入河沙土10~20 t，连续增施二至三年，配合施有机肥料，对果园土壤进行旋耕，可使黏重土壤得到改良。

（4）盐碱地土壤改良。

在盐碱地栽树必须排除盐碱的危害，最简易的方法是挖排水沟和修台田。每隔2行树挖一排水沟，沟深0.8~1.0 m，底宽0.5 m，上宽1 m，排水沟与排水支、干渠相连，以利排水畅通。通过对果园土壤深耕、平整土地、客土抬高等物理操作方式，改善土壤结构不良、透水性差等问题。通过对土壤深耕、翻耕等操作方式，有助于预防雨季时盐分上升的问题。对新栽植的果树采取台田栽植的方式，通过果树栽植台面的提升，不仅有利于排水洗盐，土壤盐分的排出，而且可以提升地温，为果树生长创造良好的环境条件。

对土壤盐碱化较重的区域，通过增施草炭土、土壤调理剂、生物菌肥、硫酸铁肥料或富含铁的矿物质，来中和土壤碱盐离子，降低土壤中的碱含量；通过对土壤深翻、旋耕等方式，来改善土壤理化性状，降低土壤板结程度，为果树根系创造良好的生长环境，实现土壤改良的目标。

（5）酸化土壤改良。

土壤酸化会导致土壤锰毒害，土壤微生物活性和酶活性降低，导致苹果树生长发育不良、果实品质下降和营养障碍。土壤过度酸化会增加土壤中有毒元素的溶解度，降低土壤中钾、钙、镁等元素含量。施用化学改良剂是一种快速降低土壤酸度的有效改良措施，而土壤通过施用石灰被认为是酸化土壤最有效的和最直接的改良材料，针对苹果园土壤酸化，施用石灰和耕作层深翻可以有效地降低土壤酸度。pH 值小于 5 的苹果园，结合春秋深翻土壤，每亩撒施熟石灰 100~150 kg。石灰不宜常年使用，应严格控制施用量，过量施用会导致土壤石灰性板结，影响苹果根系生长。

土壤酸化果园可通过行间种植绿肥、增施农田废弃秸秆等有机物料的方式逐渐改良土壤。该种方法不仅可以提高土壤的肥力，而且能增加土壤微生物的活性，增强土壤的缓冲能力。农用秸秆是比较常用的有机改良材料，一般来说，土壤 pH 值越低，农作物秸秆对酸化土壤改良的效果越好。另外，土壤酸化果园建议增施农家肥或泥炭等，通过提高土壤肥力，而改善土壤微域环境，促进果树的生长。

第二节　肥水管理

苹果树在整个生命活动中，每年都要从空气中吸取大量的二氧化碳等气体，从土壤中吸收氮、磷、钾、钙等大量元素，同时还需要少量的硼、铁、锰、锌、镁、硫、铜等微量元素。在这些元素的综合作用下，参与树体的正常新陈代谢活动。苹果树对矿质营养元素吸收量的顺序为（依次递减）：钙、钾、氮、镁、磷。

氮、磷、钾是树体生长必需的元素，也是构成果实的主要矿质营养元素，由于树体消耗量大，土壤供给不足，所以这些营养元素需要持续周期性补充。钙和镁主要存在于根、茎、叶中，果实中含量很少。微量元素硼、锌、铁、锰、铜、钼也是树体生长必需的营养元素，硼和锌涉及树体开花结实等生殖生长过程，是最需及时补充的养分。

一、施肥管理

1. 氮、磷、钾在果树生长中的作用

（1）氮。

氮是蛋白质的主要成分，是植物细胞原生质组成中的基本物质，也是植物生命活动的基础。氮是叶绿素的组成成分，又是核酸、植物激素、维生素、生物酶的重要成分。由于氮在植物生命活动中占有极重要的地位，因此人们将氮称之为生命元素。植物缺氮时，老器官首先受害，随之整个植株生长受到严重阻碍，造成枝条短而细、分枝少、株形矮瘦，叶片小而薄、叶片黄、易早衰，花果少且易脱落，种子不饱满，产量降低等问题。

（2）磷。

磷是植物体内许多有机化合物的组成成分，又以多种方式参与植物体内的各种代谢过程。磷是核酸的主要组成部分，是细胞分裂和根系生长不可缺少的元素。磷具有提高植物的抗旱、抗寒等抗逆性和适应外界环境条件的能力。

苹果树缺磷时，酶的活性降低，蛋白质和碳水化合物代谢受影响，分生组织的活动不能正常进行，展叶开花延迟，枝条基部的芽发育不良，萌芽率降低，花芽、新梢出现光腿、细弱现象，根系生长减弱，叶片变小，枝条基部落叶早。同时积累在组织中的糖类也不能被利用而转变为花青素，致使叶片变为绿色，叶柄、叶脉显紫色，甚至出现红色斑块，叶缘出现半月形坏死。此外，还会出现新梢短而细、花芽分化不良、果产色泽不鲜艳、果肉发绿而软、味酸、含糖量低、产量和耐贮性下降等问题。

（3）钾。

钾主要呈离子状态存在于植物细胞液中。钾可以促进蛋白质的合成，是多种酶或辅酶的活化剂，不仅可以促进光合作用，而且可以促进氮代谢，提高树体对氮的吸收和利用。钾参与光合作用产物（碳水化合物）的运转、贮存（特别是淀粉的形成）。钾具有控制气孔开、闭的功能，能够调节细胞的渗透压，调节其生长和经济用水，增强树体的抗不良因素，加速同化产物向贮藏器官中运输，改善农产品品质。钾与三磷酸腺苷（ATP）的活性有关，是硝酸还原酶的诱导剂。钾能保持原生质胶体的分散度、水化度、黏滞性、弹性和一定膨压等理化性质。钾可增加树体维生素 B_1、维生素 B_2、维生素 C 的含量，防止细胞失水，提高树体抗旱、抗寒、抗病和抗倒伏的能力。

植株缺钾时，容易出现代谢紊乱、蛋白质解体、氨基酸含量增加、碳水化合物代谢受干扰、糖的合成运输减缓、叶绿素被破坏、光合作用受抑制、树体抗寒性降低等现象；叶缘焦枯，生长缓慢，叶子会形成杯状弯曲，或发生皱缩，严重时叶缘呈灼烧状，发病症状从枝梢的中部叶开始，随着病势的发展向上、下扩展。

2. 微量元素在果树生长中的作用

（1）钙。

钙参与细胞壁的组成，是中胶层中果胶钙的重要组成成分，可使相邻的细胞互相联结，增大细胞的韧性。钙在维持细胞膜结构上有重要作用，可以减低细胞膜的透性，改变膜对离子的亲和性与选择性。钙可以保证细胞的正常分裂，使原生质的黏性增大，提高抗性，中和新陈代谢过程中产生的草酸，以避毒害。

当植株缺钙时，蛋白质的稳定性下降，蛋白质与核糖核酸（RNA）的合成能力减小30%~70%。新生根短粗、弯曲，根生长受阻，根尖变为褐色，易死亡；叶片较小，叶中心有大片失绿、变褐和坏死的斑点；梢尖叶片卷缩向上、发黄，甚至干枯死亡。钙在果实生理上还发挥着重要作用，如果实含钙量低，则易发生苦痘病、水心病等生理性病害。

（2）铁。

铁是一些重要的氧化-还原酶催化部分的组分。在植物体内，铁存在于血红蛋白的电子转移键上，在催化氧化-还原反应中，铁可以成为氧化或还原的形态，即能减少或增加一个电子。铁在叶绿素的形成过程中起着触媒的作用，是合成叶绿素所必需的元素，与光合作用有密切的关系。叶片缺铁时，叶绿体的片层结构发生很大变化，严重时甚至使叶绿体发生崩解。

当植株缺铁时，叶片会发生失绿现象。由于铁在植物体内难以移动，又是叶绿素形成所必需的元素，所以最常见的缺铁症状是幼叶失绿。失绿症开始发生时，叶片颜色变淡，新叶脉间失绿而黄化，但叶脉仍保持绿色。当植株缺铁严重时，整个叶尖失绿；当植株极度缺铁时，叶色完全变白，并可出现坏死斑点。缺铁失绿可导致植株生长停滞，严重时可导致其死亡。

（3）锰。

锰在植物体内的作用主要是通过对酶活性的影响来实现的，所以锰又叫催化元素。锰元素是果树生长过程中不可缺少的微量元素之一，它在树体内主要作为某些酶的活化剂参与氧化作用，参与氮及无机酸的代谢，二氧化碳的同化，碳水化合物的分解，胡萝卜素、核黄素、维生素C的合成，促进花粉管的伸长，从而提高坐果率等。

锰是叶绿体的结构部分，是维持叶绿体结构所必需的微量元素，还参加叶片的光合作用。植株缺锰时，叶片光合作用的强度就会受到抑制，一般表现为叶脉间出现失绿。失绿从新梢中部叶片开始，向上、下两个方向扩展，严重时失绿部分发生焦灼现象，且停止生长，叶脉间开始变黄，然后逐渐扩大，致使全叶变黄，最后只留下绿色叶脉。当植株含锰过量时，树干及枝条易出现生理性粗皮病。

（4）硼。

硼能促进碳水化合物的正常运转，促进生殖器官的形成和发育，促进细胞分裂和细胞伸长生长。硼能影响植物分生组织和花粉管的生长，因此花是植物含硼量最高的组织，尤其是花的柱头和子房；此外，硼还可以增强细胞壁对水分的控制，从而增强植物的抗寒和抗病能力。

植株缺硼时，枝条生长点受到抑制，叶片节间变短，形成丛枝；新叶萎缩、卷曲、失绿、叶脉纵裂，叶柄变粗、缩短、开裂；根系发育不良，变为褐色，根颈膨大；花少而小，花粉粒少，生活力弱，不易完成正常的受精过程；果实发育不良，结实率低，常呈畸形，小而坚硬，果实易发生木栓化缩果病。

（5）锌。

锌是某些酶的成分或活化剂，这些酶在植物体内的物质水解、氧化还原过程和蛋白质合成起着重要的作用，并能促进光合作用和碳水化合物的形成。锌参与生长素的合成，由于它是合成色氨酸的催化剂，而色氨酸是合成吲哚乙酸的前身，因此，锌对生长素的合成具有促进作用。锌还可以促进生殖器官发育和提高抗逆性。

植株缺锌多表现为叶片变小、枝条节间长度变短，叶片细小、呈叶簇状和小叶症状，叶片出现叶脉间失绿；病树花芽减少，花朵少且色淡，果实畸形、坐果率低；树体产量下降。

（6）铜。

铜是树体内许多氧化酶的成分，或是某些酶的活化剂，参与许多氧化还原反应；它还参与光合作用，影响氮的代谢，促进花器官的发育。在植株叶片干物质铜含量低于3 mg/g时出现受害症状，即幼叶及未成熟叶开始失绿，随后发展为漂白色，结果枝生长点死亡，还出现落叶，引发枝枯病或夏季顶枯病。植株缺铜使叶尖坏死、叶片呈现枯萎状、幼叶失绿畸形变白褐、嫩枝弯曲，严重时叶片脱落、新梢及顶芽枯死；树皮变粗、开裂，出现胶状、水疱状褐色或赤褐色皮疹，渐蔓延形成一道道交错重叠纵沟，雨季时流出黄色或红色的胶状黏性物质；有的果皮也流出胶状物，呈不规则褐斑；果小易开裂、易脱落。

（7）镁。

镁是叶绿素的组分，在植物体内以离子或有机物结合的形式存在。它也是许多酶的活化剂，在光合磷酸化中是氢离子的主要对应离子。镁元素虽然是微量元素，但是对于苹果的生长起到很大的作用。镁主要存在于幼嫩器官和组织中，植物成熟时则集中于种子。镁离子在光合和呼吸过程中，可以活化各种磷酸变位酶和磷酸激酶。同样，镁也可以活化DNA和RNA的合成过程，是叶绿素的合成成分之一。缺乏镁，叶绿素就不能合成，叶脉仍绿而叶脉之间变黄，有时呈红紫色。若缺镁严重，则易形成褐斑坏死。

镁的缺素症一般会导致植株出现以下症状：先在下部叶片的叶脉间或近于叶边处出现黄色或黄白色，后枯萎脱落，并逐渐向上；枝梢基部成熟叶的叶脉间出现淡绿色斑点，并扩展到叶片边缘，后变为褐色；同时叶卷缩易脱落，新梢及嫩枝比较细长，易弯曲；果实不能正常成熟，果小，着色差。

3. 施肥技术

（1）施肥量的确定。

计算果树的施肥量应首先确定目标产量，明确苹果树对不同养分元素的需求量，扣除土壤中的供肥量，考虑肥料的损失，其差额即施肥量。其公式为

$$施肥量（千克/亩）=\frac{果树吸收营养元素量-土壤供肥量}{肥料中有效养分含量\times肥料利用率}$$

例如，某苹果园计划产量为 3000 千克/亩，施用复合肥（氮含量为 15%，磷含量为 8%，钾含量为 20%），那么每亩果园需要施该复合肥的数量是多少？

首先应根据果园土壤肥力确定土壤供肥量和肥料利用率，化肥利用率通常为氮 30%~60%，磷 10%~25%，钾 40%~70%。该苹果园土壤供肥量利用效率为 25%，氮、磷、钾肥料利用率分别为 50%，20%，60%。苹果需肥规律是每生产 100 kg 的果实所需要施入纯氮 1 kg、纯磷 0. 5 kg、纯钾 1 kg，苹果园计划产量为 3000 千克/亩，需要纯氮 30 kg、纯磷 15 kg、纯钾 30 kg。计算苹果产量 3000 千克/亩需要氮、磷、钾的施肥量的公式如下：

$$按照氮的需求，施肥量=\frac{30\times(1-25\%)}{15\%\times50\%}=300\ (kg);$$

$$按照磷的需求，施肥量=\frac{15\times(1-25\%)}{8\%\times20\%}=703.125\ (kg);$$

$$按照钾的需求，施肥量=\frac{30\times(1-25\%)}{20\%\times60\%}=187.5\ (kg);$$

按照氮、磷、钾三元素的需求，需要的施肥量取中间值是 397 kg。

因此，苹果产量为 3000 千克/亩时，需要施用复合肥（氮含量为 15%，磷含量为 8%，钾含量为 20%）为 397 kg。

（2）施肥时期和方法。

苹果树施肥通常采取秋施基肥和生长季追肥两种施肥方式。

基肥通常以迟效性基肥为主，这类肥料含有丰富的有机物质，营养成分比较全面。不仅可以为苹果树生长发育提供足够的养分，而且有利于改善土壤胶体性质和土壤结构，增加透气性，提高土壤保肥蓄水能力。常用的基肥有厩肥、堆肥、畜禽肥、秸秆等，并且配合施用适量的氮、磷、钾肥料，尤其是磷肥与有机肥混合腐熟施用，肥效更好。基肥的施用时期通常选择 9—10 月。

秋施基肥具有以下特点：秋施基肥不仅可以增强树体的营养水平，提高花芽质量、增大果个、改善果品质量，而且可以促进树体营养积累，提高树体越冬能力，并为明年树体萌芽、开花、坐果、新梢生长奠定良好的基础。秋施基肥通常采取条沟的施肥方式，在果园行、株间开沟施肥，施肥深度应考虑品种、树龄、砧木等因素。乔砧树根系深，分布范围广，因此施肥宜深施、范围也需大些。矮砧树根系浅，分布范围小，因此施肥不宜深施、范围也需小些。随着树龄的增加，根系分布范围逐渐增大，施肥的范围和深度也应逐年扩大和加深，以满足树体对养分的日益需求。

生长季追肥应结合苹果树对养分的需求情况进行补充施肥。氮肥的追施时期通常选择在 3—4 月，磷肥的追施时期通常选择在 6—7 月，而钾肥的追施时期通常选择在 8—9 月。追肥通常采用环状沟、放射沟的施肥方式。环状沟施肥是在树冠外围稍远处挖环状沟施肥，此方法优点是操作简便、节省肥料，一般多用于幼树的施肥；缺点是施肥范围较小、易切断水平根。放射沟施肥较环状沟施肥伤根少，对树体的影响小，此方法优点是用工少、节省肥料；但由于施肥沟数量少，因此，施肥部位存在一定的局限性。

另外，苹果树也可以采用根外追肥的施肥方法。根外追肥又称叶面施肥，是将水溶性肥料或生物性物质的低浓度溶液喷洒在生长中的树体叶面上的一种施肥方法。可溶性物质通过叶片角质膜，经外质连丝到达表皮细胞原生质膜而进入植物内，用以补充作物生育期中对某些营养元素的特殊需要或调节树体的生长发育。

根外追肥的特点主要包括：及时补充树体养分；及时矫正树体缺素症；在树体代谢过程增强时，能提高树体的总体机能。根外追肥可以与病虫害防治相结合，药、肥混用。一般根外追肥应在天气晴朗、无风的下午或傍晚进行；应用的肥料种类有氮、磷、钾、钙、铁、锌、硼等，一般全年可进行4~6次施肥。

二、水分管理

水是果树生长健壮、高产稳产、连年丰产和长寿的重要因素。水分通过土壤供给果树根系吸收，土壤状况直接影响果树对水分、养分的吸收。果园的排水管理不仅影响果树当年的生长结果，也影响着来年的产量，严重时还影响果树的寿命。因此，在果树的生长发育过程中，应加强对果树的水分管理制度。果树根系在长时间的水涝状态下，会使根系的呼吸作用受到抑制，而根系吸收养分和水分或者进行生长所必需的动力源，都是依靠呼吸作用进行的。当土壤中水分过多、缺乏空气时，则迫使根系进行无氧呼吸，积累乙醇造成蛋白质凝固，引起根系生长衰弱以至死亡；土壤通气不良，妨碍微生物特别是好氧细菌的活动，从而降低土壤肥力。在黏土中，大量施用硫酸铵等化肥或未腐熟的有机肥后，长时间水淹使肥料进行无氧呼吸，产生一氧化碳、甲烷和硫化氢等还原性物质，这些物质严重影响果树地上部和地下部的生长发育。

1. 果树需水规律及灌溉方式

（1）果树需水规律。

苹果树灌水关键时期一般每年分为三次：第一次为萌芽至开花前（3 月 25 日—4 月 20 日）；第二次为落花后 14 d（5 月 20—25 日）；第三次为封冻水（11 月上中旬）。另外，在夏季要根据果园的旱涝情况进行及时灌水和排水。

（2）果树灌溉方式。

果园常用的灌溉方式，通常有以下几种。

① 穴灌。在树冠投影的外缘挖穴，将水灌入穴中，以灌满为度。穴深以不伤根为准，灌后将土还原。此种方法用水经济，浸润根系范围的土壤较宽而且均匀，不会引起土壤板结。

② 沟灌。在果园行间开灌溉沟，沟深为 20～25 cm，与配水道相垂直，灌溉沟与配水道之间有微小的比降。沟灌优点是灌溉水经沟底和沟壁渗入土中，对全园土壤浸湿比较均匀，水分蒸发量与流失量较小，减少果园中平整土地的工作量，便于机械化耕作。

③ 喷灌。其优点包括：基本不产生地表径流和深处渗透，节约用水，减少对土壤结构的破坏，保持土壤原有的酥松状态，节省劳力，便于机械化作业。其缺点包括：在有风的情况下，喷灌难做到灌水均匀，容易增加水量损失；前期设备投入较大、成本较高，增加了果园的投资成本。

④ 滴灌。它是通过安装在毛管上的滴头、孔口或滴灌带等灌水器将水一滴一滴地、均匀而又缓慢地滴入作物根区附近土壤中的灌水形式。由于其滴水量小、水滴缓慢入土，因而在滴灌条件下，除仅靠滴头下面的土壤水分处于饱和状态外，其他部位的土壤水分均处于非饱和状态，土壤水分主要借助毛管张力作用入渗

和扩散。滴灌的优点是省时省力、方便可靠、节水明显；缺点是前期投入较大、成本较高，管道及灌水器易引起堵塞，因此对过滤设备要求严格。

2. 果园排水防涝

果园排水不良会抑制果树根系的呼吸作用，呼吸作用受到抑制会影响根系对水分和养分的吸收和利用。当土壤中的水分过多时，会迫使根系进行无氧呼吸，根系生长受到抑制、衰弱，甚至死亡。土壤通气不良，也会影响根系微生物的活力，降低土壤的肥力，降低根系生长量，影响地上部植株叶片和果实的生长发育。因此，在果园的管理过程中，应重视果园排水防涝工作。

夏季是降雨集中的季节，尤其是面对夏季连续降雨的状况，应结合果园现有排水设施的基础上，适时挖明沟进行排水，及时排出果园积水。低洼地的果园，雨季时地下水位高于果树根系分布层，所以需要在果园四周挖深沟。排水沟深度应低于地下水位，将园内的积水排向园外，避免根系受害。

盐碱地果园土壤含盐量高，盐分会随土壤中水分的蒸发而上升到果园的地表，果园经常积水会造成果园土壤次生盐渍化。因此，盐碱地果园应利用灌水淋洗，将盐水向下渗漏，利用排水沟等设施将积水排出果园外。

第七章 病虫害防控

苹果病虫害是影响苹果产量和品质的重要限制因素之一，一般果园病虫危害的损失率为10%~20%，管理粗放的果园损失率可达45%以上。据报道，苹果病虫害有150余种，其中，危害严重的病害有苹果轮纹病、炭疽病、腐烂病、锈病、霉心病、干腐病、斑点落叶病、褐斑病、病毒病等；危害严重的虫害有食心虫、叶螨、蚜虫、金纹细蛾等。由于辽宁省苹果产区生产条件和生态环境的不同，病虫害的发生也有区别，因此应根据各地病虫害发生的特点，因地制宜，总结果树病虫害发生情况，分析其特点，拟定防治计划，及早采取防治方法，保证苹果的丰产、丰收。

第一节 主要真菌性病害

一、苹果轮纹病

苹果轮纹病又称粗皮病、轮纹烂果病，分布在我国各苹果产区，以华北、东北、华东果区为重。该病在一般果园的发病率为20%~30%，重者可达50%以上。

1. 主要症状

苹果轮纹病主要为害枝干和果实，有时也为害叶片。该病病菌侵染枝干，多以皮孔为中心。根据枝干症状变现、致病性差异，轮纹病分为溃疡型（canker）和疣突型（wart bark）。其症状为枝干发病，以皮孔为中心形成暗褐色、水渍状或小溃疡斑，稍隆起呈疣状、圆形；后失水凹陷，边缘开裂翘起，呈扁圆形，直径达 1 cm 左右，青灰色。多个病斑密集，形成主干树枝粗糙，斑上有稀疏小黑点。在主干和树枝上瘤状病斑发生严重时，病部树皮粗糙，呈粗皮状。后期常扩展到木质部，阻断枝干树皮上下水分、养分的运输和贮存，严重削弱树势，造成枝条枯死，甚至死树、毁园的现象。果实进入成熟期陆续发病，发病初期在果面上以皮孔为中心出现圆形、黑色至黑褐色小斑，逐渐扩大成轮纹病；然后外表渗出黄褐色黏液，腐烂速度快，腐烂时果形不变；后期失水变成黑色僵果。

2. 病原

苹果轮纹病病原的有性世代称贝伦格葡萄座腔菌梨生专化型，属于子囊菌亚门真菌；无性世代称轮纹大茎点菌。子囊壳在寄主表皮下产生，呈黑褐色、球形或扁球形，具有孔口。子囊为长棍棒形，无色，顶端膨大，壁厚透明，基部较窄。子囊孢子为单细胞、无色、扁圆形。分生孢子器为扁圆形，具有乳头状孔口，内壁密生分生孢子梗。分生孢子梗呈棍棒状，单细胞，顶端着生分生孢子。分生孢子为单细胞，无色，呈纺锤形或长椭圆形。病菌生育温度为 7~36 ℃，最适为 27 ℃；pH 值为 4.4~9.0，最适 pH 值为 5.5~6.6；病菌孢子萌发温度范围为 15~30 ℃，最适为 27~28 ℃，在清水中即可萌发。

3. 发病条件

苹果轮纹病一般在春季开始活动，随风雨传播到枝条和果实上。在果实生长期，病菌均能侵入，其中，从落花后的幼果期到 8 月上旬侵染最多。在果园中，树冠外围的果实及在光照好的山坡地，果实发病早；树冠内膛果及在光照不好的果园，果实发病较晚。当气温高于 20 ℃、相对湿度高于 75%或连续降雨、雨量达到 10 mm 以上时，有利于病菌的繁殖及孢子的大量浸入，导致病害严重发生。果园管理差，树势衰弱的树易发病，生长在黏质土壤、偏酸性土壤上的树易发病，被害虫严重为害的枝干或果实发病重。雨水是该病菌传播的主要媒介，其次是风力。在果实生育期，特别是在 5—7 月，降雨多、雨日多、雾露多，使得病菌孢子的侵染率变高。另外，在苹果幼果阶段，如有 0 ℃以上气温、每隔 10 d 左右降水一次的情形，将导致该病害的大流行。

4. 防治方法

在栽培管理方面，苹果轮纹病菌属弱寄生菌。当树势衰弱时，病害严重，特别是老病园补植的幼树最易感病。此外，由于栽培人员管理不当，偏施氮肥，病虫害防治不及时，也会加重病害的发生。在品种方面，各种皮孔较大的苹果品种都易感病，反之则表现出抗病性。抗病品种有国光、祝光、红魁、新红星等，感病品种有富士、红星、金冠、北斗、元帅、新乔纳金等。遭遇病害时，可采取以下措施进行积极防治。

（1）农业防治。

首先，应当保持适当的枝果比，若枝果比过小会导致果树负载量过大，从而增加轮纹病发生的概率；当枝果比为（5~6）∶1时，病情指数较低，且有较高的产量和较好的质量。其次，要合理修剪，主要目的是打开光路。对于盛果期大树，树高应保持在 2.8~3.0 m，主枝维持在 4~6 个，使树体内相对光强稳定在 40%~50%。要再次，应实行平衡施肥，不断增强树势，在秋季施基肥的基础上，配合进行生长期追肥和叶面喷肥。另外，施肥水平比正常量增加 0.50 或 0.75 倍，不但有利于减轻轮纹病的发生，而且产量显著增加。

（2）化学防治。

根据轮纹病主要在幼果期侵入、在果实生长期间不断有再侵染的特点，可于谢花后 10 d 左右，根据天气情况进行第一次喷药，然后采用双层袋及时进行果实套袋，其防治效果一般可以达到 100%。其后可根据田间实际情况，在果树发芽前、发芽后、花前、花后、幼果期、套袋前、套袋后和摘袋后分别进行用药。可选用的药剂包括 50%多菌灵可湿性粉剂、85%乙磷铝可溶性粉剂、1∶3∶220 波尔多液、70%甲基硫菌灵可湿性粉剂等。及时刮除枝干上的病斑也是防治轮纹病的一个重要措施，一般可在发芽前进行；也可参照腐烂病的防治方法，在病原菌飞散高峰期，对病树进行“重刮皮”。另外，每年春、夏、秋三季用 5 波美度的石硫合剂涂抹果树主干及主枝基部三次，可预防苹果轮纹病的发生。

（3）生物防治。

随着人们对化学农药诸多弊病认识的加深，许多研究者都在寻找和开发安全高效的新型杀菌剂，理想的拮抗菌具有营养竞争能力强、抗生物质产量高、生长速度快及叶面适应性强等特点。有研究结果表明，拮抗菌株 AT9706 对苹果腐烂病和枝干轮纹病的防治效果分别为 99.5%和 86.0%。应用 0.4%低聚糖素 800 倍液于苹果轮纹病病果发病初期每隔 10 d 左右喷施一次，共五次，并与波尔多液交替使用，可将病果率控制在 2%以下，较常规药物的防治效果高出 4~9 倍。田间试验结果还表明，由木霉、枯草芽孢杆菌、荧光假单孢菌组成的复合生物制剂可有效抑制苹果轮纹病菌的生长，该制剂防治苹果轮纹病，相对防效为 84.2%；如与波尔多液交替喷施，防效与化学农药无显著差异，且可增加苹果鲜重；该制剂用以浸果，可以减少贮存期苹果烂果病的发生。植物源杀菌剂 0.5%苦参碱水剂，对苹果轮纹病也有抑制效果。

二、苹果炭疽病

苹果炭疽病是2011年首次在我国江苏省发现的一种真菌引起的新病害，近几年来，该病已经在河北、陕西、山东、山西、辽宁、河南、甘肃等苹果主产区大面积发病，我省各地均有不同程度的发病。该病主要危害嘎拉、金冠、乔纳金和黄元帅等品种。高温高湿环境导致苹果炭疽病在我省一些地方迅速蔓延，因此必须对其加强防控。

1. 主要症状

苹果炭疽病主要症状为幼叶感病，叶面初为红色至黄褐色或红褐色小点，略凹陷，不规则。老叶感病，初为淡褐色或黑色小点，随病斑扩展，病斑呈黄褐色、红褐色或深褐色；有时由内向外颜色深浅不一，呈轮纹状；病斑周围常有不规则红褐色、深褐色晕圈，呈放射状。苹果炭疽病潜育期短、发病急，病菌孢子能通过气流传播，一般从侵染到发病落叶仅为3 d或更短，来不及防治。由炭疽病菌引起的苹果叶枯病的初期症状为黑色坏死病斑，病斑边缘模糊，在高温高湿条件下，病斑扩展迅速，1~2 d可蔓延至整张叶片，使整张叶片变黑坏死；发病叶片失水后呈焦枯状，随后脱落。病菌孢子侵染很快，30 ℃下仅需要2 h的保湿时间就能完成全部的侵染过程。

2. 发病条件

苹果炭疽病病菌主要在休眠芽和枝条上越冬，也能以菌丝体在病果、僵果、干枝、果台和有虫害的枝上越冬。其在5月份外界条件适宜时产生分生孢子，成为初侵染源，病菌借雨水和昆虫传播，经皮孔和伤口侵入果实、叶片，病害发生流行时，首先形成中心病株，潜育期一般在7 d左右。炭疽枯叶病菌分生孢子的萌芽温度范围为15~35 ℃，最适温度为30 ℃；菌丝生长温度范围为 15~35 ℃，最适温度为 25 ℃；炭疽枯叶病菌主要依靠雨水传播，分生孢子的萌芽和侵染也需要自由雨水或高湿环境，所以降雨是炭疽病发生的必要条件。因此，6—8 月是苹果炭疽病最适宜发生的月份，此时气温在 30 ℃左右，雨水充沛，能充分满足苹果炭疽病菌的传播、侵染和发病条件，是病害发生的高峰期。在 25~30 ℃条件下，炭疽病菌的最短潜育期只有 48 h。80%的病斑在被侵染后 4 d 内发病，6~7 d 后就可大量产生孢子进行再侵染。炭疽病具有潜育期短、产生孢子量大、速度快、来势迅猛的特点，病斑上没有小黑点，发病多是树冠外围或上部新梢基部叶片先黄化脱落，逐渐向上、向内发展。在环境条件合适的情况下，2~3 d 即可使全树叶片干枯脱落，仅剩果实；一旦发病，会严重削弱树势，甚至造成当年二次开花，影响第二年产量。

3. 防控方法

苹果炭疽病主要在降雨期间侵染发病，侵染发病需要较高的温度、湿度，病菌侵染后潜育期短、发病急，一旦侵入叶片组织，没有好的防治方法，且果农普遍认为杀菌效果较好的三唑类杀菌药剂（如戊唑醇、苯醚甲环唑等）对该病防效很差。因此，炭疽病只能预防，不能治疗，必须坚持以预防为主、综合防控的原则。

防控苹果炭疽病应自 6 月中旬开始，交替喷施波尔多液和代森类 800~1200 倍液进行叶片保护；同时要保证每次降雨前都有药剂保护叶片和枝条；连续阴雨期间，用药间隔期应适当缩减。一旦发现侵染发病，可用 25%吡唑醚菌酯乳油 1000~1500 倍液、80%炭疽福美可湿粉 700~800 倍液、咪鲜胺或 64%杀毒矾（恶霜 · 锰锌）可湿粉剂 1000 倍液等迅速及时进行防控。

三、苹果腐烂病

苹果腐烂病主要发生在东北、华北、西北及华东、中南、西南的部分苹果产区。其中，黄河以北地区发生普遍，受害严重。该病重病园发病株高达80%以上，因病死株、死树的现象较为常见，是对苹果生产威胁很大的毁灭性病害。

1. 病原

苹果腐烂病属子囊菌，在人工培养的情况下，菌丝初期无色，后期变为墨绿色、橄榄色，有分隔。春夏季病菌在侵染皮层中形成灰色菌丝层，然后逐渐生成圆锥形，穿破表皮成为黑色瘤状物，即外子座。秋季外子座的下面或旁边生成内子座。外子座内含一个分生孢子器，分生孢子器直径为480~1600 μm、高为430~1300 μm。分生孢子为单胞、无色，着生在分生孢子梗顶端，内含油球，在降雨或相对湿度在60%以上时，孢子器内的胶体物质连同分生孢子自孔口流出，形成枯黄色卷须状孢子角。内子座由密集的菌丝生成，其中混有寄主细胞，并与寄主组织有明显的黑色分界线，在内子座中生成3~14个子囊壳。子囊壳呈球形或烧瓶形，黑色，直径为320~540 μm，通到病皮表层，各自形成孔口。子囊壳内壁密生子囊，为苹果树腐烂病病原特征。

2. 发病条件

各种导致树势衰弱的因素都可诱发腐烂病的发生，其中最主要的是树体负载量。通常在苹果树进入结果期后，随着产量的不断提高，腐烂病会逐年增加。另外，果园土壤管理差，造成根系生长不良、结果多而追施肥料不足，特别是磷、钾不足及修剪不良、病虫害严重、不合理的间作套种等，也会造成树势衰弱引起发病。

腐烂病发生盛期出现在植株愈伤能力微弱的休眠期，进入生长后期，愈伤速率加快，愈伤能力增强，病势随之减缓。树体的愈伤能力主要决定于树势，凡树势健壮、营养条件好的，其愈伤能力就强。另外，高温、高湿的外界环境条件对愈伤的形成也是有利的。辽宁种植苹果地区冬春寒冷干燥，树体容易受冻害，发病往往严重。一般晚秋低温来得早，冬季气温过低，昼夜温差大，或春季转暖后又骤然降温等气候条件都易引起树体冻伤，为发病创造了条件。

3. *防治方法*

苹果腐烂病的病情、病势发展稳定，由于各地都认识到此病的流行主要取决于树势强弱，引起树势衰弱的因素均可导致该病发生，所以随着果园的更新改造和加强栽培管理等防治技术的运用，苹果腐烂病病株率在一些地区基本得到控制。但在很多高龄果园，在遇到冬春冻害或栽培管理措施不善的情况下，苹果腐烂病依然存在，而且危害严重

在加强管理方面，最关键的措施是增施肥料、控制负载量，防止出现大小年及预防早期落叶。在改善土壤条件方面，在深翻改土、促进根系发育的情况下，施肥上应做到有机肥和化肥配合，氮肥和磷肥特别是钾肥的配合，有条件的地方可压绿肥。

在夏秋季节，重点检查新形成的落皮层，发现表面溃疡应彻底削刮，入冬前认真检查并刮治所有病斑。春季发病高峰更要加强检查，彻底刮干净，对老翘皮及边缘和下面不易发现的小病斑也要刮掉，一般至少检查刮治 3 遍。病变深达木质部的病斑要连同木质表层坏死组织全部刮净，病斑刮治后要及时涂药保护和消毒。3%甲基硫菌灵或者 50%福美双可湿性粉剂 25~50 倍液，是得病处重刮皮后最好的涂抹剂。

在 5—8 月果树愈伤能力强的时期，将主干、主枝及领导枝基部树皮的表层刮 1 mm 左右的活组织，至露出新鲜组织为止。

皮层中的病变组织一律清除掉，刮面要光滑，刮后不涂药，以利愈合。

入冬前要及时涂白，防止冻害及日灼伤。结合修剪清除病枝干、枯死树、残桩、病皮，集中烧毁或堆放到远离果园的地方，以减少病菌来源；并对主干、主枝上较大的病斑进行桥接或脚接，促进恢复树势。加强对枝条虫害及叶部病害的防治，也可减轻腐烂病的发生。

四、苹果锈病

苹果锈病又叫苹果赤星病，是一种需要两种寄主植物的转主寄生性真菌病害。近年来，由于道路绿化以柏类为主，致使苹果锈病在部分地区发生特别严重，个别果园甚至绝收毁园。

1. 病原

苹果锈病只危害幼叶、叶柄、新梢及幼果等绿色细嫩组织，叶片正面的病斑初为橘红色小圆点，直径为 1~2 mm，7~10 d 后，随病斑的扩大，中央长出许多黄色小点（性孢子器），后变成黑色小点。6 月中下旬病斑直径扩大到 1 cm 左右，同时叶背相应部位逐渐隆起，并长出丛生的黄褐色胡须状物（锈孢子器）。秋冬季转主寄主桧柏小枝上可见球形或近球形深褐色瘤状物（菌瘿），直径为 3~5 mm；春季（4 月中旬）遇雨吸水膨大，成为橙黄色胶状物，很像一朵黄色的花。该病除危害苹果，还可危害海棠等苹果属植物。苹果锈病的转主寄主除桧柏外，还有高塔柏、新疆圆柏、欧洲刺柏、希腊桧、矮桧、翠柏、龙柏等。

2. 发病条件

苹果锈病每年仅侵染一次。锈病病菌以桧柏小枝上菌瘿中的菌丝体越冬，也可以当年秋季传至桧柏体表的锈孢子越冬，第二年春季在桧柏上的菌瘿中生成冬孢子角。5 月上中旬遇雨后胶化、膨大，冬孢子大量萌发产生小孢子，小孢子借风力传播到周围1.5~5.0 km的苹果树上进行侵染，先后形成性孢子和锈孢子。锈孢子在秋季又随风传到转主寄主桧柏上越冬。病害的发生受温湿度影响很大，冬孢子的萌发及小孢子的侵染都需要一定的温度和湿度。冬孢子萌发最适温度为16~22 ℃，超过24 ℃则不能形成小孢子。病害一定要在有风雨的天气及合适的温度条件下，并且有大量细嫩组织存在时才能发生。

3. 防治方法

防治方法为清除转主寄主，彻底砍掉果园周围5 km以内的桧柏等树木。若桧柏不能砍掉时，则应该在桧柏上喷药，铲除越冬病菌。早春剪除桧柏上的菌瘿并集中烧毁；新建苹果园，栽植不宜过密，对过密生长的枝条适时修剪，以利通风透光、增强树势；雨季及时排水，降低果园湿度；晚秋及时清理落叶，集中烧毁或深埋，以减少越冬菌源。

苹果树发芽前后，给果园附近的桧柏类树木上喷1~2次3波美度石硫合剂，或者降雨前1~2 d在桧柏类树木上喷洒1~2次12.5%氟环唑悬浮剂2000倍液或20%三唑酮乳油2000倍液等，遏制苹果锈病病菌冬孢子萌发，预防该病在苹果树上的侵染发生，阻止冬孢子角萌发。苹果树开花前对苹果树喷1次0.3~0.5波美度的石硫合剂。苹果树发芽前、苹果发芽后至幼果期，苹果园全园喷施43%戊唑醇悬浮剂5000倍液、12.5%腈菌唑乳油3000倍液或10%苯醚甲环唑水分散粒剂5000倍液等，间隔7~10 d，连续喷雾1~2次。

五、苹果霉心病

苹果霉心病又叫心腐病，是近年来苹果树发生较为严重的病害。发病的中晚熟苹果成熟前果面发黄不着色，有些表现为采前落果；晚熟品种感病后，贮藏期病害会继续扩展，使全果腐烂，失去食用价值，严重影响果品质量和果农信誉。

1. 主要症状

苹果霉心病主要危害果实，使果心腐烂。果实受害从果心开始，逐渐向外扩展霉烂，病果果心变褐，充满灰绿色物质，也有呈现粉红色霉状物的。贮藏期间，当果心腐烂严重时，果实外部可见水渍状、褐色、形状不规则的湿腐斑块，斑块可相连成片，最后全果腐烂，果肉味苦。病果在树上有果面发黄不着色、果形不正、发育迟缓或着色较早、采前落果等现象，但症状不明显。受害严重的果实多为畸形果，从果梗烂至萼洼。玉华早富、红将军等品种感病后，易引起采前果实发黄不着色和采前落果现象。霉心病是由多种病菌引起的，最为常见的有粉红聚端孢霉菌、镰刀菌及交链孢菌等。

霉心病菌在树体、土壤、病果或坏死组织上存活，第二年春季开始传播侵染，经空气传播。病菌在果园内广泛存在，当苹果萌芽后、气温上升时，病菌即开始传播。苹果树开花时，病菌在花器的柱头、花丝及萼片等组织上定殖，随果实发育，通过萼筒至心室开始进入果心，引起心室霉变或果心腐烂。对于红富士而言，该病是从花期到幼果形成期发生和为害的。

2. 发病条件

病害发生与品种密切相关。病菌是由萼口侵入的，果实萼口开放、萼筒长的品种易感病，萼口关闭、萼筒短的品种一般都抗病。比如，红星、元帅系列、北斗易感病；富士系较易感病，如玉华早富；金冠为半开萼品种，发病较红星轻；祝光为闭萼、萼筒短的品种，较为抗病；秦冠、国光为不易感病品种。大型果比小型果发病率高，中心果比边果发病率高，扁形果比高桩果发病率高。

病害发生与花期、天气有关。霉心病防治的关键时期是开花前后和花期。花前、花后防治得好，病菌便不能进入心室。花期多雨、持续低温，不能正常喷药或喷药时间提前、滞后，都不利于该病的防治，易引起病害发生和流行。同时，持续低温会造成花期延长，为病菌侵染提供时间和机会。

病害发生与果园管理有关。地势低洼、杂草丛生、通风透光不好的果园，霉心病发生重。贮藏期发病与库温和气体成分有关。库温保持在 0 ℃左右，不利于该病的发生发展，库温高于 9 ℃ 时开始发病，达到 10 ℃以上，果心迅速腐烂。土窑洞贮藏库温度不好控制，所以贮藏期容易发病，而气调库低氧、高二氧化碳的环境则可抑制病害的发生。

3. 防治方法

防治方法为加强管理，清除病原。随时摘除病果，搜寻落果，并带出果园深埋。秋冬结合清园剪去树上僵果、枯枝进行深埋，并翻耕园地。增施有机肥，避免单施氮肥，培养健壮树体，保持中庸树势。秋季剪除背上枝，使果园通风透光良好，控制挂果量，节约树体养分，提高抗病性。贮藏期调整好库温，气调库调节好气体成分。

药剂防治在早春果树萌芽前，用 5 波美度石硫合剂对树上、树下及周围护栏进行均匀细致的喷洒，铲除病菌。在初花期和落花末期分别喷一次药。对发病重的果园在盛花期用药，药剂可选用 10%宝丽安可湿性粉剂 1000 倍液、3%克菌康（中生菌素）1000 倍液、3%多抗霉素可湿性粉剂 600~800 倍液、50%扑海因可湿性粉剂 1000~1500 倍液等。在花后 15 d 左右和果实套袋前各喷一次杀菌剂，重点喷洒在果实萼洼部（萼筒外口）。药剂可选用 80%喷克可湿性粉剂 800 倍液、70%代森锰锌可湿性粉剂 500~600 倍液、25%戊唑醇悬浮剂 2000~3000 倍液。

六、苹果干腐病

苹果干腐病又称苹果树溃疡病，是由有性态为葡萄座腔菌属真菌侵染引起的枝干病害。近年来，该病菌在辽西及辽南主要苹果种植区广泛发生，并且严重危害苹果树的树体健康及果树产业发展，辽宁省内许多新定植苹果苗木因感染该病菌而死亡，甚至造成新建果园毁园。苹果干腐病的发生率和蔓延区域具有逐年递增的趋势。

1. 主要症状

苹果干腐病与枝干轮纹病的症状具有较大差异。轮纹病的症状表现为：病菌侵染皮孔或气孔，以此为中心形成圆形或近扁圆形的棕色、黑褐色病斑，病斑中间突起呈瘤状，边缘开裂；发生后期，众多病瘤相互连接，使得枝干表皮十分粗糙，故又称为粗皮病。在不套袋果园，病菌侵染果实后可以造成果实轮纹症状，引起果实成熟期或者贮藏期间果实腐烂等症状。干腐病的症状表现为：病菌侵染表皮，病斑初期呈水渍状，棕褐色不规则形沿着韧皮部扩展，病斑既可以在主干侧枝上扩展，更主要在矮砧密植苹果的矮化中间砧木部位侵染，发病后期病斑连片，病斑边缘及中间开裂、渗水。

2. 发病条件

病害的发生与以下因素密切相关。一是苹果树苗木及矮化砧木的质量，栽植苗木的质量越好，种植后期感染干腐病的几率越低；苹果苗木嫁接的矮化中间砧不同，干腐病的发生概率也存在一定差异，其中以寒富品种的嫁接砧木 GM256 病害发生最为严重。二是苹果树的水肥管理，在树体生长初期，水肥充足，树势强壮，可极大地降低枝干病害的发生概率。三是立地条件及自然因素对病害具有极大影响，干旱、寒冷及日灼是苹果干腐病发生的主要自然影响因素。秋季苹果树因没有及时浇灌充足的水分，造成树体干旱；白天向阳面果树树干受到日光灼晒；昼夜温度的差异，北方冬季寒冷低温；等等。以上均是影响苹果树干受病菌侵染的主要因素。四是病原菌及内生菌的演变问题，干腐病病原菌是一类木本植物内生真菌，是一种机会性致病菌，在适宜的环境条件下侵染树皮造成病害。

3. 防治方法

苹果干腐病病菌防治方法主要包括以下几个方面。一是在新型苹果园建园时，充分对立地条件进行考察，选择平坦、水源充足的土地建园。选择经过严格检疫和消毒的抗病性砧木作为矮化中间砧。二是加强苹果园的水肥管理，鉴于辽西多数苹果园土质贫瘠的状况，在苹果苗木栽植时，先将树穴做深做大，多使用农家肥和微生物菌肥，栽植后灌足水分。苹果生长期及结果期中耕除草，合理增施有机肥和化肥，避免多施氮肥，合理疏花疏果，增加树势，增强树体抗病力。三是树体休眠期间采用氟硅唑、甲基硫菌灵及戊唑醇等内吸性杀菌剂与树体保护膜剂以 1：200 的比例混匀，机械喷涂或者人工涂刷主干的方法，保护树体免受病原菌侵染。四是在早春苹果树发芽前期，采用 40%氟硅唑乳油稀释至 4000 倍加助剂湿润全树喷施，可以加入螺螨酯等杀螨剂以结合防治红蜘蛛的越冬卵。五是生产季节如发现苹果干腐病发生严重的果园，用无菌刮病工具，将发病树皮刮成竖条，采用 40%氟硅唑乳油稀释 100 倍后喷涂或者刷涂至树体发生部位，注意结合腐烂病的防治，每年涂刷三次，以彻底铲除病原菌侵染源。

第二节 主要生理性病害

一、苹果小叶病

1. 主要症状

苹果小叶病主要发生在新梢上，春季症状尤为明显。主要表现为：病枝节间短，叶缘上卷，顶梢小叶簇生，叶片较正常，叶片小，叶色黄绿，叶缘向上，叶片不平展；发病重的树体不论树龄大小，均表现为长势弱、发枝力差、树冠扩展速度受阻，部分病枝可能枯死；春季则表现为病枝发芽比较晚，并且花芽明显减少、花较小，抽叶后生长停滞，不容易坐果或所结果实小而畸形；初发病的树体根系发育不良，发病较久的树体有根系腐烂现象。以上症状均会造成果实产量和商品率的下降。

2. 发病原因

（1）树体缺锌。

树体缺锌引起的苹果小叶病，表现为整片果园或整株树发病，感病植株的枝条后部较难萌发新梢。树体缺锌通常由以下五个方面的原因引起。一是土壤供锌不足。黄土、沙土果园的土壤贫瘠，含锌量较低，或者因为土壤渗水性较好，灌溉量多使土壤中可溶性锌盐流失严重，导致土壤供锌不足而引起树体缺锌。二是施肥不科学。施磷过多使土壤含磷量过高，抑制了对锌的吸收。三是锌被固定。石灰性和盐碱性土壤中的锌元素易被固定，出现“有锌难吸收”现象。四是根系发育不良。土壤黏性较重，活土层不深厚，苹果树根系生长发育不健全，对锌的吸收功能下降。五是锌消耗过大。花量过多、挂果量偏大、多年的老果园或者苗圃地内种植苹果树，长此以往土壤中的锌消耗过大，造成土壤中的锌供应不足，发生树体缺锌的现象。

（2）拉枝修剪不当。

拉枝修剪不当引起的苹果小叶病，表现为个别植株或个别骨干枝显症，且在大锯口或环剥口以下部位多能抽生2~3个强旺的新梢，其大多为隐芽萌发。拉枝修剪不当通常由以下三个方面的原因引起。一是休眠期拉枝。在休眠期，为了改变较大骨干、粗大枝条和辅养枝的角度，靠外力或采用“连三锯”、下压等造伤措施，实行强拉枝开角，造成枝条感染小叶病。其原因是在强拉枝过程中木质部导管和韧皮部筛管受损，萌芽时顶端新梢由于营养和水分供应不足，形成小叶病。二是修剪伤口。冬剪时修剪伤口过大或过多时，会出现对口伤、连口伤等。由于修剪时连续出现剪伤口且伤势过大（锯口直径大于骨干枝或主枝直径）、过重，有的疏剪口不留营养桩，从而导致根系、枝条、梢部的矿质营养、水分输送管道遭到破坏，养分和水分通道受阻，出现营养不良的现象，使叶芽缺乏发芽动力，发生小叶病。三是夏季修剪时环剥口过宽、剥口保护不足或环剥间树体缺水等，造成木质部受损、剥口愈合程度差、树势衰弱，产生小叶病。

（3）根系受损。

根系受损引起的苹果小叶病，大多表现为一个枝条整枝小叶枝组萎缩不展、花少。树体根系受损会影响营养物质的吸收，使树势变弱，从而引起小叶病，通常有以下三个方面的原因。一是生长期间断根。如果树体在生长期间，特别是前半年追肥挖坑过深，或用旋耕耙深中耕，均会损伤根系，严重阻碍营养吸收与贮藏。而果树种植前半年主要靠储藏的营养进行生长，如果须根系或主侧根受损，等于断了储藏营养库，容易导致小叶病。二是根系长期积水。当果园水分管理不当、根部积水严重时，苹果树根系长期浸泡在水中，造成吸收根缺氧死亡，使对应的枝条缺乏营养而形成小叶。三是滥用除草剂。近年来，随着除草剂的大量施用，特别是草甘膦对苹果树根系损伤较大，导致苹果树的吸收根枯死，根系吸收功能减退，枝条发芽、展叶延迟，抽叶后生长很慢，叶片狭小簇生，呈柳叶状，属无效叶片，进而导致树势减弱、影响产量。

（4）营养不良。

营养不良引起的苹果小叶病，多表现为中干、主枝全部梢部叶片小、节间短而细簇状不明显，树势衰弱。该病通常由以下五个方面的原因引起。一是有机肥缺乏。不注重施用有机肥，使氮、磷、钾比例严重失调，造成缺素症，从而形成小叶。二是连年环剥。环剥过重会使根系营养受阻，导致小叶发生。三是枝条受损。特别是休眠期拉枝易造成枝条受损，损伤枝条的木质筛管，导致根系虽然能吸收到无机营养，但却难以输送到叶芽，叶片因得不到足够的营养而不能正常生长，极易形成小叶。四是修剪造伤。人为修剪不当造成枝条受损，其原理与拉枝相似，这是大部分果园诱发小叶病的主要原因。五是冻害。苹果树枝条多为秋梢受冻，因其未采取控梢措施或秋末浇水过多，秋梢生长旺盛，入冬没有达到老化，受冻后开春营养回流困难，从而形成小叶。

3. *防治方法*

（1）缺锌引起的小叶病。

针对缺锌引起的小叶病，可采取以下防治方法。一是增施商品有机肥、菌肥，特别是沙地、盐碱地及瘠薄山地的果园，改良土壤理化性状，加强肥水管理，增强树势。二是盛果期果树要做到氮、磷、钾平衡施肥，避免磷肥过量而影响锌的吸收。三是根施硫酸锌。秋季每株成龄树施硫酸锌 0.5~1.0 kg，充分与有机肥混合均匀，但碱性土壤不宜施用。四是早春喷锌肥。春季萌芽前

10～15 d 喷 3%～5%硫酸锌溶液，补充锌元素。五是杀菌补锌。在防治苹果树病虫害时，选择含有丙森锌、代森锌、代森锰锌类成分的杀菌剂，既可有效预防苹果树斑点落叶病、褐斑病、锈病、白粉病等病害，又可以起到补锌的作用。六是严格控制苹果树的挂果量，促进根系发育，保持树势健壮。

（2）不合理修剪导致的小叶病。

针对不合理修剪导致的小叶病，可采取以下防治方法。一是“多动手、少动剪、不动锯”，通过刻芽、抹芽、强拉枝、疏枝等，培养良好的树体结构和合理的结果枝组，避免因夏季修剪不及时，导致冬季修剪疏枝过多、过大，造成较大伤口。二是对已经出现因修剪不当而造成小叶病的树体，要以轻剪为主，采用四季结合的修剪方法，缓放有小叶病的枝条，加强综合管理，待二至三年枝条恢复正常后，再按照常规修剪进行，也可用后部萌发的强旺枝进行更新。三是对环剥过重、剥口愈合不好的树体，要在剥口上下进行桥接，并用塑料膜包严。

（3）根系受损导致的小叶病。

针对根系受损导致的小叶病，可采取以下防治方法。一是切实加强根系保护，减少根系损伤，提高树体吸收能力，保证地上部分生长所需的营养和水分供给，促进叶片健壮生长。保护根系，尤其是生长在各级侧根上 0.3～0.5 cm 粗度的细根。这类根上着生大量的吸收功能较好的须根，开沟露出的大根在翻土后，应舒展地埋在松土中，随耕随覆土，严防长期裸露、风吹日晒，导致根系抽干。同时注意不要在生长期间断根。二是当根系积水严重时，必须及时开沟排水，防止渍害。三是苹果树生长期禁止喷施草甘膦、2，4-D 丁酯等内吸灭生除草剂；可人工刈割，或果园覆草。四是多施腐熟的有机肥、生物菌肥，注重改善土壤环境，增加土壤团粒结构、均衡营养，以利于根系发育。五是合理灌水。春季果树萌芽前保持土壤墒情，以利于对锌的吸收；生长期视土壤干湿情况合理灌水；雨季注意排水，以防涝害诱发小叶病。

（4）营养不良导致的小叶病。

针对营养不良导致的小叶病，可采取以下防治方法。一是大力实行配方施肥。要提高果园土壤有机质含量，有条件的可按照每生产 0.5 kg 苹果施 1.0~1.5 kg 有机肥的比例施肥，提高果树抗旱、抗寒、抗病、抗虫、抗逆的能力。始终坚持“控氮、稳磷、增钾、补中微量元素”的施肥原则，坚持 3 月、6 月、9 月施肥理念。早施有机肥或生物有机肥，特别是早期落叶的果园，可在 8 月下旬至 9 月下旬，采取环状或放射状沟施。二是盛果期苹果树施肥要采取有机、无机相结合，大量、微量相结合的施肥模式，避免因磷肥过量而影响锌的吸收。三是尽量不要环剥，严禁连年环剥。四是对已经出现因修剪不当而造成小叶病的树体进行修剪时，要以轻剪为主。五是老龄树及衰弱树不可一直长放不缩不截，这样会疏忽枝组的更新，甚至直接影响根系的更新，因此冬剪时要注意纠正。六是冬季可采用给苹果树根颈部培土、灌足封冻水、树干涂白、套塑料袋、塑料条包缠树干等措施，做好防冻工作。

二、苹果果锈

1. 主要症状

苹果果锈是果实表面产生类似金属锈状的木栓层。果锈发生严重时，果实表面失去光泽，果上锈斑酷似马铃薯皮，严重影响果实外观品质，降低果品经济价值。

2. 发病原因

果锈是在苹果树生长前期形成的，多在落花后 10~25 d 形成，特别是花后 20 d，果实表皮毛脱落或果皮受伤，均易形成果锈；在果锈发生严重的年份，有两次发病高峰，第一次是在 6 月中旬，第二次是在 7 月中下旬。

果锈主要发生于黄色品种上，其中以金冠等品种最容易发病。表皮毛脱落后，水分就从该部位进入果实，果肉细胞大量吸水，引起该部位破裂，为了弥补伤口，产生木栓组织，形成果锈。果皮较薄、细胞少，而果肉细胞多，随着果实的膨大，果皮不能适应果肉的变化，从而引起伤口，形成木栓组织，进而形成果锈。幼果期遭遇不良外界环境（如大风、雨露、冰雹、低温、阴雨）易引起果锈，其颜色为浅黄褐色，木栓层较薄。幼果喷施辛硫磷、波尔多液、石硫合剂等，使果皮表面受伤产生药害。地势低洼、土质黏重、树势衰弱和结果过量等因素会加重果锈的发生。果树生长初期，施氮过多，浇水过多，树势、枝密、通风透光差的果园果锈较重。

3. 防治方法

金冠苹果果锈的发生敏感期一般在落花后 25 d 左右，这是发锈最为敏感的时期。因此，对金冠苹果果锈的防治应在此之前进行。

果实套袋是防止金冠苹果果锈的有效方法，可基本保证果实不生果锈，或极大地减少果锈发生，无锈果率一般在 96% 以上，最高可达 100%。如果套袋前喷一遍杀菌剂，则对果锈的预防效果会更好。果实套袋提高无锈果率的原因主要有两个：一是保护果实免受不良环境的影响；二是促进果实蜡质形成和角质层增厚，增强果实的自我保护能力。果实套袋成本低、效益高，适于大面积推广。但需要注意的是，套袋必须在落花后及时进行，并在低温高湿天气到来之前结束，而且每个果袋只能套一个果实。

喷施多菌灵、甲基托布津、多菌灵胶悬剂、防锈灵和石蜡乳化液等果实防锈剂有比较好的防锈效果。花前喷布石灰硫黄合剂、硫黄、克菌丹、腈菌唑、乐必耕等杀菌剂也能降低果锈的发生。此外，在药剂喷用过程中，雾化程度应尽可能高，以减少药剂在果面的黏着量。

加强栽培管理，加强果园土肥水管理，防止土壤积水，增施有机肥和磷、钾肥，增强树势，提高树体营养水平；搞好整形修剪，防止果园郁闭，改善果园通风状况；开展人工授粉、蜜蜂或壁蜂传粉，确保受精充分；严格疏花疏果，合理负载，促进果实发育，增强幼果对外界不良环境的抵抗力；在果实迅速膨大期，若遇干旱，应适量灌水；此外，还应尽可能避免喷布易致锈化学药剂。

三、苹果水心病

苹果水心病又称糖化病、蜜果病、糖蜜病。西北黄土高原和秦岭高地果区的元帅系和秦冠苹果受害严重；近几年，红富士苹果发病也比较严重，多发生于果实成熟后期及贮藏期。病果内部组织的细胞间隙充满细胞液而呈水渍状，病部果肉的质地较坚硬而呈半透明状。果实品质变劣，不耐贮藏。

1. 发病原因

苹果水心病是一种生理病害，主要是由于糖积累及钙、氮不平衡而打乱了果实的正常代谢，推迟了果实采收。初结果树上的果实，因树冠外围直接暴晒在阳光下，部分果实出现日灼症状；在近成熟期昼夜温差较大的地区，果实易发病，大果比小果发病多。平常采用高氮低钙肥的果园，会加重果实发病。品种不同，抗病能力不同。目前，普遍认为以下几项原因是引发苹果水心病的主要病因。① 钙元素缺乏。凡能诱发果实缺钙的因素都可能导致水心病。例如，土壤中缺乏有效钙，根系吸收受抑制；春季土壤干旱使树体蒸腾作用降低，钙的运输受到抑制，运入果实中的钙素减少；土壤水分过多、树体对钙的吸收和运输受阻等，都可诱发水心病。② 含氮量高。叶片和果实中含氮量过高，氮、钙比例失调时会导致水心病发生。③ 山梨糖醇在果实中大量积累。山梨糖醇是碳水化合物的主要运输方式，含钙量正常的苹果能在果梗中形成一种障碍物，待果实近成熟时能延缓山梨糖醇进入果实。在缺钙的果实里不能形成这种障碍物，从而积累山梨糖醇造成水心病。此外，昼夜温差大的高海拔地区也易发生水心病，元帅系及秦冠品种易发生水心病，红富士在有些年份也发生过水心病。

2. *防治方法*

苹果水心病的治疗方法主要包括以下几点。① 改土和增肥。改良土壤，增施有机质肥料，控制氮肥，进行配方施肥，促进根系发育，花前施硝酸钾或硝磷钙复合肥，有利于增加钙素吸收。② 调整果实负载量。通过修剪和疏花、疏果，使枝果比维持在（3~5）∶1、叶果比在（30~40）∶1。③ 适期采收。根据果实的生长期确定采收适期。例如，元帅系为盛花后 142 d 左右采收，乔纳金可在盛花后 160 d 左右采收，红富士则应在盛花后 175 d 以上采收。④ 果面喷钙。苹果花后 3 周和 5 周，以及采收前 8 周和 10 周，对果面喷布 4 次硝酸钙 200 倍液，全树喷养分平衡专用钙、氨基酸钙 300~500 倍液，效果更佳。另外，还应加强叶斑病和虫害的防治，防止果树提早落叶，切忌生长期过度修剪。

第三节　主要虫害

我国是植物有害生物危害较为严重的国家之一，其中苹果生产中有害生物的种类多、发生频率高、分布地域广、危害损失大，多次造成了毁灭性的灾害。进入21世纪以来，有些已经被控制住的病虫害在某些地区又有抬头趋势，一些外来入侵有害生物或具有潜在危险性的病虫害在一些地区大面积发生，个别次生性病虫害和偶发性病虫害演变为主要虫害，其危害日趋严重，对苹果生产构成了威胁，也对防治技术提出了新的要求。

为了全面掌握我国苹果病虫害的基本情况，有针对性和预见性地开展病虫害防控工作，有必要下力气完善基础工作、查清苹果病虫害种类和分布范围，对国内新发生和境外入侵的病虫害种类进行鉴别，对历史记载进行核实、澄清和更新，明确重大病虫害演变趋势，这样才能有的放矢地进行科学防治。

一、苹果虫害种类、地域及发生危害特点

据《中国果树病虫志》（1994年版）记载，我国苹果病虫害种类超过100种，在生产上造成重大经济损失的有20多种。害虫及害螨常发种类有蚜虫、山楂叶螨、二斑叶螨、全爪螨、金龟子、食心虫、金纹细蛾、卷叶蛾类、潜叶蛾类、介壳虫、椿象等。影响苹果病虫害发生发展的因素复杂多样，主要包括：病虫发生的基数，果园温度、湿度、降水、灌溉、土壤含水量和采取的防治方法、措施等。果园的虫口基数或带病的落叶、烂果和其他病残体是病虫发生的根源；在果树生长季节，温度和湿度的变动成为苹果病害发生和流行的基本条件；蚜、螨、蚧等小型害虫的暴发往往是少雨并且伴随相对较高的温度；防治措施的正确与否，也关系着果园病虫的发生频率和种类变化。在苹果生长的不同时期、不同阶段，会有不同的病虫发生危害；在苹果生长的同一阶段，也常伴随着几种病虫同时发生危害。一些新发生的病虫疫情对苹果生产构成了新的威胁。所有这些情况在防控研究中都必须面对，并且这些因素都是动态的，在不同的时期呈现出不同

的特点。

二、主要虫害的发生和变化

在苹果树害虫（害螨）中，桃蛀果蛾、金纹细蛾、苹果绵蚜、二斑叶螨、山楂叶螨、苹果全爪螨等是主要的害虫。在各苹果主产区，主要病虫害种类也经历了变化：有的病虫害逐年减轻，到现在已经不再造成危害；而有的病虫害逐年加重，已经成为主要危害的病虫害。例如，20 世纪主要危害果实的食心虫类已经不是各产区的主要虫害，因为随着果实套袋技术的推广和应用，已经杜绝了食心虫的侵染渠道。蚜虫类、苹果叶螨的危害也得到了控制。黄土高原地区一般春季雨水少，5 月以后气温升温快，到 6 月底后雨水渐多，5—6 月高温干旱的气候特点，使叶螨、蚜虫活动繁殖加快，加之长期广泛使用广谱农药，天敌杀伤严重，造成生态平衡失衡，苹果叶螨、蚜虫危害较为猖獗。而环渤海产区气候特点相对较不利于叶螨、蚜虫的快速繁殖，即使有时发生虫害，但由于高温雨水的来临，也会很快消亡，不会造成类虫害流行。

三、次生性病虫害和偶发性病虫害

次生性病虫害是因原发性灾害（如雨雪冰冻灾、火灾或原发性生物灾害等）造成生态系统结构与功能剧烈变化后伴生的病虫害。偶发性病虫害是通常情况下发生的数量较小、无须进行防治，但在某些特殊情况下发生数量较大、必须进行防治的病虫害。近年来，一些次生性病虫害和偶发性病虫害有日趋严重的势头，有的偶发性病虫害反而成为常发，有的次生性病虫害带来的损失常常比原发性灾害更严重。这不但给各地的苹果生产带来损失，也对我国的苹果病虫害防控体系提出了严峻的考验。

苹果黑星病是欧洲一些国家危害苹果生产的重要病害，但

2000 年以后在我国黄土高原苹果栽培区有逐年加重的趋势。苹果黑点病和苹果苦痘病是实行果实套袋栽培后普遍发生的病害，研究认为它们的发病与缺素症有关，在有些地区已经发生很重，成为当地的主要常发病害。二斑叶螨自 20 世纪 90 年代以来快速传播，已经成为全国分布的主要害螨。苹果锈病原来在山西部分果区发病较轻，很少造成危害，但由于道路交通网络建设，各地绿化大量采用了中间寄主桧柏并在公路两侧使用，再加上连年空气湿度较大、多风，造成该病日益加重，在山西省晋中市等地普遍发生，危害较重。

四、危险性虫害

目前，危险性虫害包括以下几种。① 苹果蠹蛾是全世界分布的主要蛀果害虫，在我国新疆维吾尔自治区和甘肃地区危害较严重，是我国的检疫性害虫。由于果品流通速度较快，这种害虫在我国各苹果产区都有发生的可能。② 苹果绵蚜曾是我国的检疫性害虫，一般在春季 4 月上旬苹果树萌芽时开始活动危害，到 5—6 月为全年发生高峰，其幼虫四处扩散能够导致较重的流行，到 9 月天气较凉后还能够形成第二次发生高峰。该虫害在各地均有发生。③ 二斑叶螨危害也较重，个别地区已经成灾，由于其食性杂、发育期短、繁育力强、抗药性强，可集中在树体内膛产生危害，危害程度较重，有上升为主要害虫的趋势。④ 苹果小卷叶蛾的危害在部分地区发生较重，其幼虫危害嫩芽、花、叶和果实，有转移危害的习性，对果实的品质影响很大。其成虫昼伏夜出，危害严重时可引起果实脱落。苹果小卷叶蛾当年发生代数较多、世代重叠、极易产生抗药性，并且危害比较隐蔽，防治相对较难。

五、外来病虫害

随着农业生产和农产品贸易的快速发展，国外的病虫害不断入侵，严重威胁农业生产、农产品贸易和生态环境安全。例如美国白蛾是一种以危害绿色植物为主的国际性检疫害虫，也称秋幕毛虫、网幕毛虫，原发生于北美洲。1979 年，它在我国辽宁省丹东市首次发现。2005 年后，在我国广大北方地区发现危害。美国白蛾一年可发生 3 代，以蛹在砖瓦、石块下、墙缝、树皮裂缝或浅土内越冬，次年 5 月上旬开始羽化，幼虫期为 5 月下旬至 6 月下旬开始危害。美国白蛾的食量大、虫口密度大，往往在很短时间内就会吃掉整棵树的叶片，造成毁灭性损害，这几年也在苹果树上发生较大危害。

六、苹果虫害的防治技术发展

20 世纪 70 年代以前，各地植物保护是对有害生物采取化学防治，采用“积极消灭”的方针，以彻底消灭病虫为目的，大量使用剧毒化学农药来对有害生物进行控制。由于化学防治易造成有害生物抗药性增强，并且对环境造成了较大污染，所以研究人员经过深刻反思后，提出了以“预防为主，综合治理”的目标，开始采取多种手段相结合的防控措施。进入 21 世纪后，随着各项技术的不断创新和各种农业新科技的大范围应用，人们不再将关注重点只放在病虫害本身，大量的研究拓展到了各个层面，包括基础性调查、病虫害的生物学和生态学、病原菌的侵染规律、树体对病原菌的抗性、环境条件、农药机制、宏观病虫害流行学、病虫害的预测和模拟、3S 技术和信息预警等多种学科交叉研究。

在基础研究科学中，开始梳理历史文献记载，查清当前条件下苹果病虫害种类及相关数据；研究苹果品种结构、栽培管理技术及病虫害防治方法；加强对苹果园主要病虫害的结构和发生特点的研究；对国内新发生和境外入侵病虫害种类进行鉴定，对历史记载进行核实、澄清和更新，完善基础信息库等。在宏观流行和趋势预测研究中，将病虫害的危害特点、流行特点和有关影响因素结合起来，涉及气象要素、耕作制度、品种变化和病虫害抗药性等多种因素，对苹果重大病虫害发生发展的趋势做出预测，为苹果病虫害预测预报、综合防治和优质生产提供科学参考。

对病虫害化学防治技术的研究，除了继续筛选农药新品种以外，开展农药应用技术研究是当前科学使用农药的重要内容。除了化学防治方法以外，研究病虫害的其他防治方法也是一项重要内容。由于果品安全日益受到当今社会和消费者的重视，传统的以化学防治为主要手段的果树害虫防治技术备受质疑。要降低农药残留，生产绿色无公害果品，其有效途径就是减少农药的用量。对于一些毒性较大的农药，可以通过改变施药方法、农药剂型或研究其合适的施药时期来降低农药的直接毒性，以此来保证果品的安全生产。生物物理防治作为化学药物防治的替代方法，以其有效性、使用简便、低成本、无污染等优点逐年扩大应用，成为果树主要病虫害的有效防治手段之一。以生物物理防治为主体的果树病虫绿色管理体系的建立与推广应用，更符合绿色果品生产发展的趋势。

在苹果生产上，果实套袋除了能有效提高果实的外观品质，对病虫害起到有效的阻隔作用，使果实免遭病虫（食心虫等）的直接侵害外，还能够有效避免农药与果实的直接接触，消除污染，保障果品食用安全。在早春越冬害虫出土前，用塑膜覆盖树盘，可有效阻止食心虫、金龟甲和某些鳞翅目害虫出土，致其窒息死亡，大大减低果园的虫口密度。粘胶板利用苹果有翅蚜虫在迁飞过程中的趋黄色习性，在有翅蚜的迁飞期用以粘捕蚜虫，控制蚜虫的迁飞扩散，起到了消灭蚜虫的作用。昆虫求偶交配的信息传递依赖于雌虫分泌的性外信息激素，人工合成具有相同作用的衍生物，制成缓释迷向剂（诱芯或迷向丝），置于园间对相关害虫进行迷向干扰，使雄虫对雌虫不能够正常定位，失去求偶交配的机会，从而减少后代，也可以达到控防目的。目前，已开发并用于生产的种类有桃小食心虫、苹果蠹蛾、苹果卷叶蛾、金纹细蛾、桃蛀螟、透翅蛾、梨小食心虫等十几种害虫的性外激素制剂，可有效干扰害虫的求偶交配，减少其后代数量。

随着农业信息化的加深，精准防治病虫害技术在很多国家已经得到广泛应用，它是可持续农业发展的重要途径。在我国，精准防治病虫害技术可以满足越来越高的环保要求，实现低量、精喷量、少污染、高功效、高防效的目的，有效避免传统施药方式的弊病。精准施药技术的核心是获取果园内病虫害的差异性信息，采取变量施药技术，按需施药。

第八章　防灾减灾

苹果是多年生木本植物，生命周期一般为十几年甚至几十年，受自然地理、生态环境、气候条件影响较大。在其全生命周期过程中，除了生长期内各生态气象因子必须满足自身需求外，还要求年周期特别是生长发育关键时期和越冬时期生态环境条件适宜，且连年满足，这就决定了苹果产业是一个生产程序复杂、生长周期长、容易遭受自然灾害的产业。辽宁省苹果栽培分布广泛，且苹果产业的发展是建立在千家万户管理模式的基础之上，经济基础薄弱，生产设施条件简陋，防范和抵御各种自然灾害的能力非常有限。冻害、霜冻、冰雹等自然灾害每年都会给我省苹果产业带来一定损失，损失的主要方面是减产、减收、树体的损伤，甚至死亡。虽然苹果生产抵御自然灾害的利器是科学规划、合理布局，因地制宜、适地适栽，但往往因为防范意识淡薄、防范措施不利或实施迟缓而加重损失。因此，只有做好灾害的预报预警，实施好防范和抵御各种自然灾害的各项技术措施，才能保障苹果产业取得良好的收益。

第一节　冻　害

一、冻害发生的规律和特点

冻害是北方落叶果树的主要天气灾害，亦是我省苹果产业的主要自然灾害之一。冻害发生时，首先降低苹果树体内生物膜的活性，在细胞间隙出现冰晶体，引起细胞内失水，从而使对生物膜具有毒性的无机和部分有机化合物浓度增大，聚集于生物膜附近，并发生了不可逆转的变化，造成减产、绝产，甚至树体部分或全部死亡。

冻害对我省苹果产业威胁很大，几乎每年都有不同程度的冻害发生，给果树生产带来一定的影响。苹果受冻害的程度除取决于低温强度外，还与低温的持续时间、当时的天气、品种及受冻前的适应情况等有关。冬季气温急剧变化、温差较大、低温持续的时间过长，会导致树体枝干受冻。寒风可助长土壤水分蒸发，降低土壤和空气温度，对苹果树越冬不利。干旱可加剧枝条水分的蒸腾，同时由于地温低、水分供应不及时，很容易出现生理干旱。进入春季气温回升，果树的抗寒力也随之降低，这时若遇寒流和干旱，花芽和枝条受冻最为严重。

冻害除受地理、气候条件影响外，果园立地条件不良、栽培管理措施不当、品种选择不合理等都会加重果树冻害的发生。弱树、小树抗寒性差，易受冻害；树体生长过旺、秋梢停止生长晚的枝条不充实，且形成的保护组织不发达，也易发生冻害。树体受损或受病虫侵害、遭受机械损伤、抗寒力差，易造成越冬伤亡；富士系、元帅等品种抗寒性较差，易发生冻害。一般耐寒性中等的苹果品种在 -25 ~ -18 ℃开始发生冻害，最低温度低于 -20 ℃ 的天数达到 16 d 时，可发生 2 级（中等）冻害。

苹果树受冻害主要分为以下三类。① 冬季严寒型。冬季的极端最低温度，对苹果树的冻害具有重要影响，低温持续时间过长，往往会引起更严重的冻害。另外，如果冬季气温变化剧烈，日较差大，往往会导致树体受冻（树干基部受冻，树干冻裂及枝条和花芽受冻）。② 入冬剧烈降温型。晚秋至入冬季节，苹果树正是由生长过渡到休眠的时期，此时气温骤然大幅度下降，往往会造成较严重的枝干冻伤，不仅使产量降低，而且会造成整株树体死亡。③ 早春融冻型。苹果树在休眠期，抗寒力较强，随着春季的到来，气温上升，回暖融冻，其抗寒力则随之降低。此时如遇天气回寒和干旱，苹果的花芽和枝条往往会受冻害，也会发生枝、干的日灼和抽条现象等。

二、冻害对苹果树造成的危害与程度分级

1. 冻害对苹果树造成的危害

（1）根系冻害。

根系生长于地下，冻害不易被发现，但对地上部分的影响非常显著，表现在果树春季萌芽晚或不整齐。有的根系受冻害较轻，虽然能发芽抽梢，但生长缓慢，严重时抽出的新梢逐渐凋萎枯干。刨出根系，发现外部皮层变褐色，皮层与木质分离，甚至脱落。

（2）根茎冻害。

根茎冻害是由接近地面的小气候变化剧烈、温差大而引起的，特别是在根部积水多，贪青生长的情况下，根茎冻害更易发生。有时冻害在根茎的一面，呈环状变褐枯死。

（3）枝干冻害。

枝干冻害主要表现为干基冻害、主干破裂和枝杈受冻。干基冻害是幼龄苹果树常常发生的一种冻害，症状主要是主干在地表上 10～15 cm 处发生冻害，轻则只有向阳面的皮层和形成层变褐死亡，重则背阴面的皮层也死亡，形成一个死环，包围干周，使全株死亡。干基冻害发生的部位，与果园中生草的情况、积雪的厚度及寒冷的程度有关。积雪愈厚，受冻的部位愈向上移，因为接近地表的部分，温度变化最剧烈，所以冻害最严重。主干破裂

常常发生在成龄苹果树上，一般是沿主干纵向开裂，原因是冬季日较差太大，主干组织内外张力不均，使主干的皮层开裂，有时裂口深达木质部。枝杈冻害幼树及成龄苹果树均可发生，一般是受冻枝杈皮层下陷或开裂，内部变褐，组织坏死，严重时组织基部的皮层和形成层全部冻死，受害枝枯萎，造成树势衰落或枯死。

（4）枝条冻害。

生长较晚发育不成熟的嫩枝，最易遭受冻害而干枯死亡。有些枝条外观看起来无变化，但发芽迟，叶片瘦小或畸形，剖开后看到木质部色泽变褐。

（5）花芽冻害。

因花芽解除休眠期，春季气温上升，而又出现霜冻时，花芽易遭受冻害，故花芽冻害多出现在早春。受冻害轻时，花芽发芽迟缓、畸形，或长时间停留在某一发育阶段；受冻害的花芽在春季不膨大、干枯、瘦小、易落，有的外表不易看出，但剖视其内部可见芽髓已变褐，严重时可枯死。

2. 冻害程度分级

根据苹果树不同部位受冻害程度，以及对当年和之后一段时期内树体产量和质量的影响程度，将冻害对苹果树造成的危害程度分为五级。

（1）0级。

根、干、枝、芽均未受冻。

（2）1级。

冻害表现轻微，树冠下部的个别小枝和少部分花芽冻死（25%以下）；主干、部分主枝、枝条的皮层、韧皮部、木质部、髓部受冻变黄褐色，但对当年树体的产量和质量无明显影响，生长结果正常。

（3）2 级。

冻害表现较重，枝条的髓部和木质部受冻变褐；树冠中、下部的小枝部分冻死；部分花芽冻死（25%~45%），仅长果枝的上部等个别部位的花芽未受冻；对当年树体的产量和质量有一定的影响，树体生长基本正常。

（4）3 级。

冻害表现严重，主干、主枝、枝条的皮层和形成层木质部、髓部受冻变成褐色，部分变成黑色；骨干枝冻死或冻残 2/3；大部分花芽冻死（45%~75%）；对当年和之后一段时期内树体的产量和质量有明显的影响。

（5）4 级。

冻害表现极为严重，树体基本冻死或冻残；绝大部分花芽冻死（75%以上）；树体当年基本绝产，之后一段时期内树体的产量和质量较难恢复。

三、防御冻害的主要措施

1. 冻害预警

（1）冻害蓝色预警。

在深秋或早春季节，苹果树处于由生长期向休眠期过渡或树体开始萌动时，24 h 内最低气温将会下降 8 ℃以上，最低气温小于-15 ℃并可能持续；在冬季，苹果树处于休眠期内，24 h 内最低气温将会下降 8 ℃以上，最低气温小于-20 ℃，持续天数达到 16 d。

（2）冻害黄色预警。

深秋或早春季节，苹果树处于由生长期向休眠期过渡或树体开始萌动时，24 h 内最低气温将会下降 12 ℃以上，最低气温小于-18 ℃并可能持续；在冬季，苹果树处于休眠期内，24 h 内最低气温将会下降12 ℃以上，最低气温小于-25 ℃，持续天数达到16 d以上。

（3）冻害橙色预警。

在深秋或早春季节，苹果树处于由生长期向休眠期过渡或树体开始萌动时，24 h内最低气温将会下降16 ℃以上，最低气温小于-20 ℃并可能持续；在冬季，苹果树处于休眠期内，24 h内最低气温将会下降16 ℃以上，最低气温小于-25 ℃，持续天数达到16 d以上。

2. 合理选择园地

新发展的果园，应尽可能选择背风向阳的地方，避免在地形低凹或阴坡建园。因为这种地方秋季降温早、春季生温缓、冬季夜间停积冷空气，积温较低。

3. 选用抗寒砧木和优良品种

根据本地土壤、气候特点，宜选用在当地试栽成功且表现较为优良的品种和砧木，良好的砧穗组合是提高树体的抗冻害能力的有效手段。

4. 营造果园防护林

果园防护林能将园内温度提高2~5 ℃，能很好地缓解果树冻害的发生。果园防护林常用乔灌木结合形成的紧密结构林带，这样防护效果好。

5. 加强树体管理

增强树势，使枝梢生长充实，提高树体的抗冻能力。对弱树，加强生长前期的肥料和水分供应，增施氮肥，加强中耕松土，充分满足树体对水分、养分的需要，促进生长发育；对生长过旺的树，及时采取连续摘心或扭梢、压枝等措施控制其旺长，促进枝条成熟老化，加强树体营养积累，增加树体的保护性及抗寒性。冬剪回缩、疏除大枝时，可在剪锯口涂抹凡士林等保护剂，以防剪口因气温过低而受冻。

6. 加强肥水管理

果园覆草可增温保湿，抑制杂草生长，增加土壤有机质含量；覆草前深翻土壤，施足基肥，浇水后用杂草覆盖，厚度为20 cm左右，上盖少许土，这样能大大降低苹果树的冻害程度。

早施、深施基肥以提高肥料的利用率，有利于土壤增温及贮藏营养，对于壮树、高产、优质极为重要，尤其对降低苹果树的冻害程度更为有利。

在7—8月，叶面喷施磷、钾肥，生长后期（8—10月）停止灌水，适当减少植物组织所含水分，少施氮肥，注意增施磷、钾肥和农家肥，提高树体营养贮藏，增强苹果树抗寒力，利于树体安全越冬。

7. 及时防治病虫害

生长季及时做好树体病虫害防治工作，尤其是树体生长后期要注意对大青叶蝉、早期落叶病的防治。对于机械损伤或病虫危害及修剪等造成的伤口要及时进行封蜡、包扎等处理，以减少树体失水或病虫侵入。加强病虫防治，保护好枝干和叶片（包括秋季果树叶片的完整）以提高光合效能、积累营养物质、促进枝条成熟，从而使其顺利通过锻炼，提高越冬抗性。

8. 适时灌水

因水热容量大，对气温变化有良好的调节作用，灌水后土壤含水量增高，接近地面的空气就不会骤冷结冻，灌水可增温2~3 ℃。在封冻前，土壤“夜冻昼化”时，对苹果树饱灌冬水，既可做到冬水春用、防止春旱，促进果树生长发育，又使寒冬期间地温保持相对稳定，从而减轻冻害。

9. 培土与覆盖

对一至三年生的幼树，在结冻前于树体地上部分向地下部分交界处培土，厚度为20~30 cm，待来年早春气温回升后，及时把土扒开；亦可在霜降前于树盘下覆盖1 m^2的地膜，然后在地膜上加盖15~20 cm的草，可明显提高幼树的越冬抗性。

对成龄树，用杂草、树叶、厩肥等于冻害来临前覆盖在树盘内，厚度为10~15 cm，既可以提高地温3~5 ℃，又可以增加土壤养分及保墒。

10. 树干涂白

采用涂白剂，将果树树干和主枝均匀涂白，使树体温度变化稳定，不会有冻融的情况，既防冻、防日灼，又能杀死隐藏在树干中的病菌、虫卵和成虫。涂液要干稀适中，以涂刷时不流为宜。涂白液的配制比例是生石灰5 kg、硫黄粉1~5 kg、食盐2~3 kg、植物油1.0~1.5 kg、面粉2~3 kg、水15 kg。配制时，先将生石灰、食盐分别用热水化开，搅拌成糊，然后再加入硫黄粉、植物油和面粉，最后加入水搅匀。于越冬前将主干及大侧枝涂刷一遍，具有较好的防冻作用。

11. 树体包扎

越冬前，用稻草、麦秸等做成草把将苹果树主枝、大侧枝缠紧，第二年树体萌芽前将草把取下，不但能使树体安全越冬，同时也能诱到大量潜入草把越冬的害虫；也可用塑料薄膜将树体主枝、侧枝缠绕，并覆膜于树盘下，以提高地温、减少水分蒸发，从而提高树体越冬抗寒能力。

12. 药剂防冻

为了减少树体水分的蒸发和封闭皮孔及伤口，可在入冬前给树涂抹或喷施防冻剂和保护剂，涂抹5~10倍液，喷施10~20倍液，能增强树势及抗冻能力。在苹果树开花前2~3 d，向树体喷施植物抗寒剂，或在果树萌芽前喷施低浓度的乙烯利或萘乙酸、青鲜素水溶剂，以抑制花芽萌动，提高抗寒能力。对于正在开花的树，于低温来临前喷 0.3%的磷酸二氢钾加 0.5%的白砂糖，连喷 2~3 次，可起到防冻作用。

13. 熏烟

熏烟是冻害来临前短时期内的应急预防措施。熏烟法一般可使气温提高 3~4 ℃，能减少地面辐射热的散发，同时烟粒可吸收空气中的湿气。冬季冷空气容易聚集的地势低洼果园运用该法效果尤好。其做法是，低温寒潮来临前的傍晚，以碎柴禾、碎杂草、锯末、糠壳等为燃料，堆放后上压薄土层。气温下降到果树受冻的临界温度时点燃，以暗火浓烟为宜，并控制浓烟使烟雾覆盖在果园内的空间，一般每亩果树可设 4~5 个着火点，每堆用料 15~20 kg，并将其设在上风口。

14. 延迟开花

从 2 月中下旬到 3 月中下旬，每隔 20 d 左右喷一次 100~150 倍的羧甲基纤维素或 3000~4000 倍的聚乙烯醇，可减少树体水分蒸发，增强抗寒力。对树冠喷洒萘乙酸钾盐（2~5）$\times10^{-4}$溶液，可抑制萌动。萌动初期喷 0.5%的氯化钙，花芽膨大期喷洒（2~5）$\times10^{-4}$的顺丁烯二酸酰肼，均可延迟花期 4~6 d，减少花芽冻害。

四、冻害发生后的主要减灾措施

1. 延迟修剪

冻害发生后应适当推迟修剪时间，避免产生新的伤口，这样有利于分清、区别冻伤芽和冻伤枝。修剪原则是轻剪长放，多留枝叶，最大限度地保证产量和树体长势。在低温过后修剪，要减少伤口，并要及时用剪口油或白乳胶进行伤口保护；对已修剪树的剪锯口，没有保护的，要用剪口油或白乳胶进行保护。

2. 适时灌水

苹果树发生冻害后，枝、干上伤口较多，在早春冻融季节，要特别注意适时灌水。果园土壤含水量低于10%，即可发生轻度水分胁迫。一般花芽开始萌动时灌水1次，发芽后至开花前再灌水1~2次，幼果膨大期再补灌1次。这样不仅可以延迟苹果树的发芽、开花，防止晚霜冻害，又可防止由于苹果树的过度失水而导致抽条等次生灾害的发生。

3. 加强土壤管理

对受冻的盛果期苹果树，在萌芽前或花前，可用3~5倍的螯合型氨基酸加0.3%~0.5%尿素液涂干1~2次，结合灌水株施腐殖酸复合肥0.2~0.5 kg，使果树开花整齐，提高坐果率。5月底至6月上、中旬，挂果树株追二铵0.5~0.8 kg，其核心是提高树体营养水平，加快伤口新皮愈合速度，保证花芽分化的正常进行，以减少因冻害影响产量下降的幅度，促进树体健壮生长。为了充分发挥肥效，追肥时必须结合灌水，但应注意，花期需适当控水，以防引起落花落果，降低坐果率。

受冻的苹果树，要尽快恢复树势、产量，土壤管理是关键。对弱树，加强生长前期的肥料和水分供应，增施氮肥，加强中耕松土，充分满足树体对水分、养分的需要，促进生长发育。生长后期（8—10月），停止灌水，少施氮肥，注意增施磷、钾肥和农家肥（如叶面喷施0.2%~0.3%的磷酸二氢钾或草木灰浸出液），加强树体营养积累；采用穴贮肥水技术实现养根壮树，在早春自冠缘向里0.5 m处挖2~5个深50 cm、直径30 cm的小穴，将玉米秸、麦秸等捆成长40 cm、粗25 cm左右的草把，经人粪尿或尿素液中浸泡后放入穴中；然后肥土掺匀回填，或每穴加100 g尿素、100 g过磷酸钙或复合肥、灌水复膜。穴面略低树盘，穴上地膜穿一个小孔，适时顺孔浇水施肥。平时封闭孔，下雨时开孔，干旱时浇水。

9月进行秋施基肥（晚熟品种可推迟到10月上中旬），将杂草、树叶等，结合施基肥深埋，同时施入总施肥量5%的速效氮、磷肥。有条件的果园，可采用果园生草及滴灌、渗灌、喷灌、集雨式窖灌等节水灌溉措施，改良土壤结构，提高土壤肥力，改善果园生态环境。

4. 注意病害防控

树体受冻后，树势较弱，抗病能力降低，极易造成病虫侵害。一旦受冻，首先应检查伤口，防治腐烂病的发生。对冻害死皮面积较小的树体，可刮去死皮，用843康复剂、强力轮纹净或树康愈合剂涂抹伤口。病疤较大时，可将皮层纵向划几刀，然后用843康复剂或强力轮纹净涂抹，低部位可以涂药后埋土，促进皮层再生。对于主干腐烂病严重的树体，也可进行桥接保护。防治腐烂病治疗剂也可用治腐灵、农抗120或菌毒清涂抹伤口。对于腐烂病疤，可在春秋两季涂抹防治腐烂病的相关药剂，如3%甲基硫菌灵、果康宝、金力士、腐烂立克、施纳宁等。同时，萌芽后，要检查缩剪冻死枝条，危害轻者，全树主干枝条喷施1~3次防腐烂病的药剂，严防冻害后苹果腐烂病的暴发和流行。其次，春季要刮去成年树主干上的死皮、老皮及翘皮，并集中烧毁。萌芽前喷施3~5波美度的石硫合剂，花前喷0.3~0.5波美度的石硫合剂，以铲除越冬菌源，减少病害发生，促进树木的生长。再次，细致抓好早期落叶病的防治工作，谨防造成树势再次衰败。生长季及时喷布甲基托布津、宝丽安、粉锈宁或多菌灵等，以防治白粉病、斑点落叶病等病菌侵染和害虫危害。如果出现连续阴雨天气，极易引起早期落叶病大发生。因此，建议结合花前至果实套袋前的病虫防治，使用以下配方集中防治：① 杜邦易保1500倍+康庄灭幼脲1200~1500倍+一种钙肥；② 杜邦福星8000~10000倍+蛾螨灵1500~2000倍+腐殖酸有机液肥500~800倍；③ 世高2000~3000倍+康庄灭幼脲1500倍；④ 10%多抗霉素1000倍或70%“安泰生”1000倍+甲氰菊酯3000倍+一种钙肥。

第二节 晚霜冻害

一、晚霜冻害发生的规律和特点

晚霜冻害是严重威胁我省苹果安全生产的自然灾害之一。春季土壤解冻后，我省苹果主要产区回暖较快，气温波动较大，常出现较强的寒流或辐射冷却，造成急剧降温。据近50年的资料记载，从3月初（惊蛰）至4月中下旬（谷雨前后），每隔7~10 d会有一次西伯利亚和蒙古冷空气侵袭，冷空气前锋一过，气温可骤降6~12 ℃，影响1~3 d。不同年份冷空气出现的时间、次数、频率、强度有所不同。

春季晚霜对苹果树的开花和坐果危害甚大。由于严冬度过，苹果树已解除休眠，各器官抵御寒害的能力锐减，苹果花蕾期冻害的临界低温为-2.8 ℃，花期为-1.7 ℃，幼果期为-1.1 ℃，特别当异常升温3~5 d后遇到强寒流袭击时，更易受害。果树花器官和幼果抗寒性较差，花期和幼果期发生晚霜冻害，常常造成重大经济损失。花期霜冻，有时尚能有一部分晚花受冻较轻或躲过冻害坐果，依然可以保持一定经济产量；而幼果期霜冻则往往造成绝产。果树花器官的晚霜冻害，往往伴随着授粉昆虫活动的降低和终止，从而降低坐果率。霜冻危害的程度，取决于低温强度、持续时间及温度回升的快慢等气象因素。温度下降速度快、幅度大，低温持续时间长，则冻害重。因此，采取积极有效的措施预防苹果树晚霜冻害，是加强果园春季生产管理的重要任务之一。

二、晚霜冻害预防的技术措施

1. 延迟萌芽开花，躲避霜冻

（1）果园灌水。

果树萌芽到开花前灌水 2~3 次，可延迟开花 2~3 d。

（2）树体涂白。

早春树干、主枝涂白或全树喷白，以反射阳光，减缓树体温度上升，可推迟花芽萌动和开花。

2. 果园喷水及营养液，预防霜冻

强冷空气来临前，对果园进行连续喷水，或喷布芸苔素 481、天达 2116，可以有效地缓和果园温度骤降或调解细胞膜透性，能较好地预防霜冻。

3. 果园熏烟加温，预防霜冻

在霜冻来临前，利用锯末、麦糠、碎秸秆或果园杂草落叶等交互堆积作燃料，堆放后上压薄土层或使用发烟剂（2 份硝铵、7 份锯末、1 份柴油充分混合，用纸筒包装，外加防潮膜）点燃发烟。烟堆置于果园上风口处，一般每亩果园堆置 4~6 堆（烟堆的大小和多少随霜冻强度和持续时间而定）。熏烟时间大体从夜间 0 时至凌晨 3 时开始，以暗火浓烟为宜，使烟雾弥漫整个果园，至早晨天亮时才可以停止熏烟。

4. 其他措施

据相关资料报道，在果园上空使用大功率鼓风机搅动空气，可以吹散冷空气的凝集，有预防霜冻的效果。

根据多年的经验，对于可能造成灾害的强寒流，中央和省级电视台一般提前 2~4 d 发布预报、预警信息。因此，注意掌握低温寒流天气的预报和预警，防控霜冻的应对措施完全可以来得及实施。但是，由于我省果树主要分布在山区、丘陵，地形、地

势、地貌复杂，形成了若干各具特点的小气候区域，国家、省、市（县）气象部门的天气预报，有时难以准确预报某些乡（镇）、村（组）的气象形势变化。因此，在苹果主产区内，各乡（镇）、村（组）、果品生产企业、果品生产合作社、果农协会，除密切关注中央、省、市（县）电视台的天气预报之外，要建立当地的天气观测站（点），实时监测当地气象形势的变化。根据国家、省、市（县）气象部门的天气预报和当地的实际观测结果，预测当地灾害性霜冻发生的时间、强度，为管辖区内果品生产者提供实时预警信息，提前做好果树霜冻危害防控应急技术措施所需的各项准备工作。

三、霜冻发生后的补救措施

① 花期受冻后，在花托未受害的情况下，喷布天达 2116 或芸苔素 481 等，可以提高坐果率，弥补一定产量损失。

② 实行人工辅助授粉，促进坐果。如果花未开完，可立即进行人工授粉，并喷施 0.3%硼砂和 1%蔗糖液或芸苔素 481、天达 2116，以提高坐果率。

③ 加强土肥水综合管理，养根壮树，促进果实发育，增加单果质量，挽回产量。及时施用复合肥、硅钙镁钾肥、土壤调理肥、腐植酸肥等。

④ 加强病虫害综合防控。果树遭受晚霜冻害后，树体衰弱，抵抗力差，容易发生病虫危害。因此，要注意加强病虫害综合防控，尽量减少因病虫害造成的产量和经济损失。

第三节 冰 雹

一、冰雹发生的规律和特点

冰雹是由强对流天气系统引起的一种剧烈的气象灾害，范围虽然不大且时间短促，但来势猛、强度大、突发性较强，防控较为困难。冰雹灾害的季节性较强，4—7 月是冰雹的高发期，约占发生总数的 70%。降雹的范围一般都很小，宽度为几米到几千米，长度为 20~30 km，故有“雹打一条线”的说法。

冰雹是对我省苹果生产危害较大的自然灾害，全省各苹果产区时有发生。冰雹危害轻者在果实、枝条和叶片上造成机械伤，形成畸形果或雹斑果，难以商品化；重者导致大量果实和叶片脱落、枝梢折断，树体出现二次生长和二次开花现象，严重削弱树势。冰雹造成的机械伤容易引发腐烂病、轮纹病、炭疽病等病害。

冰雹的直径一般为 5~50 mm，冰雹的直径越大，破坏力越大。直径小于 5 mm 的小冰雹危害较小或无危害，而直径超过 10 mm 的危害较大。苹果受冰雹砸击，表面可出现裂疤和坑痕，而受小冰雹砸击，一般只有坑痕而不破裂，但随着幼果的生长，坑痕可能出现龟裂。苹果从幼果期到成熟期，随着果实硬度的不断变小，苹果果实对冰雹敏感性增加，而晚熟品种的果实可能比同期的早、中熟品种更抗冰雹。

二、冰雹的预防和补救措施

1. 人工防雹

根据气象监测和经验，利用影响天气的作业进行人工防雹。

在冰雹出现频率比较高的地区，搭建防雹网进行设施防雹，减轻危害。

2. 灾后补救

（1）及时清园。

雹灾过后，尽快搞好灾后果园清理工作，及时剪除因雹灾折断的枝条，清理掉落在地上的果袋、果实和枝条。摘除重伤果实，降低果园病害发生基数。对于雹伤密度大、皮层受伤严重且难恢复的枝条，要从基部或完好处剪掉，剪除受伤枝条后，用伤口愈合剂、油漆等保护剪口，防止病虫侵染和扩散危害全园。新植果园折断的当年萌发枝条可选择好芽进行适当回缩，促发新枝。

（2）保护树体。

剪除翘起的伤皮、砸坏的伤枝，以及削平、削光伤口；对于枝干伤口较大者应及时涂抹愈合剂保护，并用塑料薄膜包裹，以促进伤口愈合。

（3）做好病害防治。

每隔 7~10 d 喷施一次 80%乙蒜素 2000 倍液、10%苯醚甲环唑 2000 倍、戊唑醇 4000 倍等内吸性杀菌剂，连喷 2~3 次，防止轮纹病、腐烂病及早期落叶病等大面积发生；在喷布内吸性杀菌剂 3 d 后，全园喷施一次倍量式波尔多液进行杀菌。有条件的可在枝干上及时涂抹菌清或轮纹终结者 1 号杀菌剂。

（4）追肥补养，恢复树势。

灾后成龄树每株追施氮磷钾三元复合肥 1 kg，幼树每株追施氮磷钾三元复合肥 0. 5 kg，追肥后及时灌水，促进树体恢复，增强营养积累。同时，结合喷药可加入 300~500 倍尿素和磷酸二氢钾或其他叶面肥进行叶面营养补充；并及时进行中耕松土，增温通气，促进根系发育。

第九章　采收与贮藏

采收是果实成熟后贮藏保鲜的第一道工序。正确确定苹果成熟度，适期采收，对获得优质、丰产和耐贮运的果实是非常重要的。采收较早，贮藏期间能保持较高的果实硬度，但果实积累营养较少，果实发育不充分，果皮色泽达不到应有的颜色，果实糖度低、口感偏酸、风味差，且贮藏期间果实对低温相对敏感，易产生各种冷害症状；采收偏晚，品质和风味好、香气浓，但贮藏和货架期短，表现为果皮油腻化、返糖、发黏、发亮，果肉发绵，而且对二氧化碳浓度敏感程度增加，果实易衰老、发绵、腐烂和组织褐变。过早或过晚采收不仅极大地影响果实品质，而且会影响果实产量、花芽发育和次年苹果质量。

第一节　果实采收

一、采收期的确定

1. 果实的成熟度

根据苹果的成熟状况和用途，其果实可分为三种成熟度。

（1）可采成熟度。

达到可采成熟度时，苹果已完成了生长和化学物质的积累，应有的风味和香气还未充分表现出来，果肉硬实或坚实，有淀粉味，适于采后中期和长期贮藏及长途运输，也适于加工做苹果罐头（汁液不混浊）。

（2）食用成熟度。

苹果已成熟，表现出该品种应用的色泽、香气和风味，果肉清脆，适于采后销售、短期贮藏和运输，也适于制汁造酒。

（3）生理成熟度。

苹果在生理上已充分成熟，种子完全成熟，果实化学物质的水解过程加强，果肉发绵，很快变软，其商品价值已明显降低。

根据成熟度的划分，按照鲜食、贮藏和加工的需求，苹果应在可采成熟度和食用成熟度间采收，然后进行销售、贮藏和运输；不宜在生理成熟度时采收、贮藏、运输和销售。

2. 判断果实成熟度的方法

（1）果皮颜色。

在生产中，果皮颜色是判断果实成熟度的重要标志之一，绝大多数苹果品种从幼果到成熟，果皮颜色会发生有规律的变化。未成熟的果实呈绿色，随着果实的成熟，叶绿素逐渐分解，底色呈现黄色或橙黄色，面色呈现条红和片红。例如，富士、寒富等红色苹果品种，当全树80%的果实面色呈现鲜亮的红色时，采收最为适宜；金冠等黄色品种，可在果品底色呈黄绿色时就采收；采后马上就销售的苹果品种，最好等到底色变黄时再采收。

（2）果柄。

果实真正成熟时，果柄基部与果枝间形成了离层，果实稍受一点儿外力（如被旋转或者抬高）就会脱落。

（3）种子颜色。

在果实发育过程中，果实种子有逐渐变成褐色的规律。剥开果实，若种子已经变成褐色或黄褐色，表明果实已经成熟。

（4）果实硬度。

果实硬度指的是果实去皮以后的硬度。随着果实的成熟，果肉会逐渐变得松软，硬度逐渐降低，而未熟时，果肉比较坚硬。

（5）果实淀粉含量。

果实成熟过程中，淀粉含量变化可作为一项成熟程度的指标。幼果期淀粉含量很少，随着果实发育，淀粉含量逐渐增加，到果实发育中期，淀粉含量急剧上升而达到盛期。此后，随着果实成熟，淀粉水解，含量下降。通过碘对淀粉的着色反应可了解淀粉含量变化。将果实横切开，涂抹碘液，观察反应，通常将碘反应分为5级，即完全染色（5级）、果心内消失（4级）、维管束带内消失（3级）、70%消失（2级）、90%以上消失（1级）。碘反应达到3.0~3.5级时，为采收适期。碘试剂的配法为：100 mL水中加碘化钾5 g、碘1 g溶解。

（6）可溶性固形物含量。

苹果中主要化学物质有淀粉、糖、有机酸等可溶性固形物，而可溶性固形物中主要是糖分，生产中常以可溶性固形物含量高低来判断成熟度，或以可溶性固形物与总酸之比衡量果实的品质，要求固酸比达到一定比值时进行采收。

（7）果实的呼吸变化。

根据果实呼吸变化确定苹果的采收期时，以呼吸跃变期的出现前，即呼吸强度开始急剧上升前，为最适宜的采收期。

（8）果实的生长期。

在正常气候条件下，不同品种的苹果在同一地区都有比较稳定的生长发育时间，由盛花期到成熟期所需时间也比较固定。盛花期后，一般早熟品种在60~100 d成熟，中熟品种在100~140 d成熟，中晚熟品种在140~160 d成熟，晚熟品种在160~190 d成熟。

另外，在保证果实质量的前提下，采收时还要考虑果实贮存和销售情况。一般用于长期贮存的果实，可适当早采，而用于近期销售或短途运输的果实可适当晚采。如果有自然灾害时，应组织人力适当提前抢收。

二、采收

采果期果实水分大，在有雾、露、雨滴的情况下，果实很容易腐烂，不耐贮藏；所以，最好选择晴天采果，并且将采下的果实放在通风处晾干。

采果时最好先采树冠外围和上部的果，后采下部和内膛的果，逐枝采净，防止漏采。采果时，要尽可能利用采果平台，不要上树，以保护枝叶、果实等不被碰伤、踏伤；同时，在摘果时，要轻摘、轻卸，减少碰伤、压伤等损失，并注意保护果梗。

早熟品种通常要分期、分批采收。第一批采树冠上部、外围着色好、个大的果实；第二批最好在5~7 d后进行，同样选择色泽好、果实个大的采收；再过5~7 d后，将树上所剩的果实全部采摘。一般来说，前两批果实采收要占全树的70%~80%，最后一批果实采收占全树的20%~30%。

第二节　果实贮藏

我国苹果目前设施贮藏能力仅占总产量的33%，其中气调贮藏、机械制冷贮藏约占总产量的15%，其余大部分是自然通风库、土窑洞等简易贮藏。每年有大量苹果临时存放在果农的家庭院落、田间地头，这批果品的腐烂损失、失重和品质下降极其严重，给果农造成巨大损失。每年在苹果采收至销售过程中，腐烂损失率达15%。开发适合我国国情的产地低成本、高效贮藏技术，是我国苹果贮藏产业发展的当务之急。其中，应重点研究推广小型机械冷藏库，加大对简易贮藏设施的改良，积极引进大型冷藏、气调贮藏设施，建立不同产地贮藏方式技术规程，使苹果贮藏比例显著增加。

一、贮藏方法

1. 简易贮藏

简易贮藏是指不具备固定贮藏库设施，而是利用自然环境条件来进行的沟埋藏、堆藏、窖藏等。这种贮藏多数是在产地进行，贮藏操作简便易行，贮藏成本低，若遇到某些年份气候条件适宜，贮藏效果较好。但总的来讲，这种贮藏方式受自然气候条件影响较大，贮藏期间温湿度条件不能得到有效控制，贮期较短，贮藏质量较差，损耗较大，有时甚至会出现不同程度的热烂或冻损。采用简易贮藏方法时应注意，在苹果采收后，一般不要直接入沟（窖）或进行堆堆，应先在阴凉通风处散热预冷，白天适当覆盖以遮阴防晒，夜间揭开降温，待霜降后气温降下时，再行入贮。贮藏期间应根据外部自然条件的变化，利用通风道、通风口，通过堆码时留有空隙，在早晚或夜间进行通风降温防热，利用草帘、棉被、秸秆等进行覆盖保温防冻。采用简易贮藏方法贮藏的苹果一般可贮藏至次年 3 月。该贮藏方法主要适用于国光、红富士等晚熟苹果，对金冠、元帅等中熟苹果不适宜。

2. 通风库贮藏

通风库贮藏因贮藏前期温度偏高，中期温度又较低，一般也只适宜贮藏晚熟苹果。苹果入库时，就要分品种、分等级码垛堆放。堆码时，垛底要垫放枕木（或条石），垛底离地 10~20 cm，在各层筐或几层纸箱间应用木板、竹篱笆等衬垫，以减轻垛底压力，便于码成高垛，防止倒垛。码垛要牢固整齐，不宜太大；为便于通风，一般垛与墙、垛与垛之间应留出 30 cm 左右的空隙，垛顶距库顶 50 cm 以上，垛距门和通风口（道）1.5 m 以上，以利通风、防冻。贮藏前期，多利用夜间低温来通风降温。贮藏中期，减少通风，库内应在垛顶、四周适当覆盖，以免受冻。通风库贮果，中期易遭受冻害。贮藏后期，库温会逐步回升，期间要每天观测记录库内温度、湿度，并经常检查苹果质量；检测果实硬度、糖度、自然损耗和病、烂情况。出库顺序最好是先进的先出。

3. 冷库贮藏

苹果适宜冷藏，尤其对中熟品种最适合，其中元帅系品种应适时早采，金冠苹果应适时晚采。贮藏时，最好单品种分别单库贮藏。采后应在产地树下挑选、分级、装箱（筐），避免到库内分级、挑选，重新包装。入冷库前，应在走廊散热预冷一夜。码垛应注意留有空隙。尽量利用托盘、叉车堆码，以利堆高、增加库容量。一般库内可利用堆码面积为70%左右，折算库内实用面积每平方米可堆码贮藏约1 t 苹果。冷库贮藏管理主要也是加强温湿度调控；一般在库内中部、冷风柜附近和远离冷风柜一端挂置1/5分度值的棒状水银温度表，每天观测记录温度和湿度。通过制冷系统调控库温，上下幅度最好不超过1 ℃；最好安装电脑温度测量系统，自动记录库内温度，从而指导制冷系统及时调节库内温度，力求稳定适宜。冷库贮藏苹果，往往相对湿度偏低，所以，应注意及时进行人工喷水加湿，保持相对湿度在90%～95%。冷库贮藏元帅系苹果可贮至元旦、春节，金冠苹果可贮至3—4月，国光、青香蕉、红富士等可贮至4—5月，质量仍较新鲜。但若想保持苹果色泽和硬度少变化，最好利用聚氯乙烯透气薄膜袋来衬箱装果，并加防腐药物，以利于延迟后熟、保持鲜度、防止腐烂。

4. 气调贮藏

苹果最适宜气调冷藏，尤以中熟品种（金冠、红星、红玉等）最适合，控制后熟效果十分明显。气调冷藏比普通冷藏能延迟贮期约1倍时间。有条件可建气调库、装置气调机整库气调贮藏苹果，也可在普通冷库内安装碳分子筛气调机来设置塑料大帐罩封苹果，调节其内部气体成分。塑料大帐可用0.16 mm左右厚的聚乙烯或无毒聚氯乙烯薄膜加工热合成，一般帐宽1.2~1.4 m、长4~5 m、高3~4 m，每帐可贮苹果5~10 t。还可在塑料大帐上开设硅橡胶薄膜窗，自动调节帐内气体成分。一般帐贮每吨苹果需开设硅窗面积为0.4~0.5 m^2。由于塑料大帐内湿度大，因此，不能用纸箱包装苹果，只能采用木箱或塑料箱包装，以免纸箱受潮倒垛。气调贮藏的苹果要求采后2~3 d完成入贮封帐，并及时调节帐内气体成分。一般气调贮藏苹果，温度在0~1 ℃，相对湿度在95%以上，调控氧在2%~4%、二氧化碳在3%~5%。气调贮藏苹果应整库（帐）贮藏、整库（帐）出货，中间不便开库（帐）检查，一旦解除气调状态，应尽快调运上市供应。

塑料小包装气调贮藏苹果技术多用0.04~0.06 mm厚的聚乙烯或无毒聚氯乙烯薄膜密封包装，贮藏中熟品种（如金冠、红星等）最适；一般制成装量20 kg左右的薄膜袋，用衬筐、衬箱装。果实采收后，就地分级，树下入袋封闭，及时入窖或入库（最好是冷库贮），没有冷库，窖温也不能高于14 ℃。如出现氧低于2%超过15 d或氧低于1%果实有酒味的情况，应立即开袋。土窖贮藏的苹果，在春季窖温高于4 ℃前，应及时出窖上市。

二、采后处理技术

1. 预冷

苹果的采收期一般在9—10月，这个时期的气温和果温都比较高，预冷处理是提高苹果贮藏效果的重要措施。国外果品冷库一般都配有专用的预冷间。我国一般是将分级包装好的苹果放入冷藏间；采用强制通风冷却，迅速将果温降至接近贮藏温度后，再堆码存放。用纸箱包装的果实因散热受阻大，预冷速度较木箱、塑料箱慢，实践中对此应予以注意。若是利用自然低气温进行通风降温的各种贮藏库（窖），这时因采收季节的气温与窖温都比较高，一般不能立即入窖贮藏，需要放在窖外适当场所预冷处理后才能贮藏，同时应该尽量利用夜间较低的气温，加速降低果温。生产上，把这一预冷措施称为预贮（暂时在阴凉处贮放）。适宜苹果预贮的方法是在果园内选择阴凉、地势高燥、交通方便处，修建一个上有防雨遮阳设备、四周通风的预贮果库，把经过初选的果实堆放起来，堆高 30 cm 左右，经 2~3 d 后再行挑选，陆续入窖贮藏。

2. 臭氧处理

臭氧为强氧化剂，具有广谱、高效的杀菌作用，可预防苹果贮藏期间病源细菌滋生，减少贮藏期间病害的发生。臭氧的强氧化作用可将乙烯快速分解成为二氧化碳和水，从而使乙烯的催熟作用得到抑制，并能延缓果实中一些重要化合物含量下降，能够很好地保持果实的风味、口感，使贮藏期延长。保鲜处理通常用 1.2 mg/L 的臭氧水，同时臭氧水可以不同程度地降解苹果表面各种农药残留。

3. 1-甲基环丙烯处理

1-甲基环丙烯（1-MCP）是近年来用于苹果保鲜的一种绿色保鲜剂。1-MCP 与乙烯受体蛋白的亲和力是乙烯的 10 倍，通过与乙烯竞争受体蛋白（阻断乙烯）的结合，从而抑制或延缓成熟生理生化反应。1-MCP 不仅能够显著缓解果实的呼吸强度，而且可以延迟果蔬呼吸高峰的出现，降低其呼吸速率峰值。1-MCP 处理能够诱导果实中多酚氧化酶（PPO）、苯丙氨酸解氨酶（PAL）等抗性物质增多，明显降低冷藏期间果心褐变指数、果柄端果肉褐变率及虎皮病发病指数。但是，1-MCP处理抑制了不同成熟度果实挥发性酯类物质的生成，使果实香气变淡、风味降低。1-MCP 保鲜处理通常使用的质量浓度为 1.0 μL/L，浓度过高会加剧冷害与腐烂状态的形成。

三、贮藏病害防控

1. 贮藏期 CO_2 伤害防控

当前我国苹果贮藏主要以冷藏为主，各地贮藏方式和管理技术不尽相同，贮藏质量差异很大。部分冷库由于库内堆码过密、通风换气不合理或贮藏包装内衬膜过厚，造成库内或包装内部 CO_2 积累，导致果肉褐变和果实风味发生变化，严重影响了苹果的食用品质和商品性，造成严重的经济损失。

苹果 CO_2 伤害有果实外部伤害和内部伤害两种。外部伤害发生在贮藏前期，表现为病变组织界限分明，呈黄褐色，下陷起皱。内部伤害多发生在贮藏中后期，危害较为严重，表现为起初果肉、果心局部组织出现褐色小斑块，随后病变部分果肉组织失水，呈浅褐色空腔，果肉风味变淡，伴有轻微发酵味或苦味；病变也可能扩展到果皮，果皮上出现褐斑，直至果皮全部褐变，并出现皱褶。二者的相同之处是受害果实硬度偏高，坏死组织仍有弹性。

CO_2 伤害的直接原因是高浓度 CO_2 抑制了琥珀酸脱氢酶的活性，干扰有机酸代谢，积累乙醇、乙醛等有害物质，引起果肉褐变、果实品质下降。苹果贮藏过程中，随着呼吸作用的进行，果实内部 O_2 浓度逐渐减小，CO_2 浓度逐渐增加，如果不及时通风换气，就会造成果实内部 CO_2 积累。对于简易气调贮藏来说，虽然初始袋内 CO_2 浓度已控制在2%以下，但由于管理不当或包装材料透气性差等原因，导致包装袋内 CO_2 浓度可能会达到2%以上，这样会造成 CO_2 胁迫。苹果 CO_2 伤害的程度与品种、采收期、贮藏温湿度有关。

（1）注重品种的差异。

果肉致密的品种（如红富士、粉红女士、蜜脆等），由于果肉内部 CO_2 扩散能力差，细胞间隙 CO_2 积累高，因此对 CO_2 更为敏感，一般不超过2%。而秦冠、金冠、红星等品种耐高CO_2浓度，即使在8%的CO_2环境中贮藏2~3周，也无伤害。

（2）严格控制采收期。

苹果对CO_2的敏感性随着果实成熟度的增大而提高，随着贮藏期的延长而降低。因此，应该适期采收，避免早采或采收过晚。就其采收期和CO_2伤害部位而言，早采果的CO_2伤害多见于表皮，而晚采果则多表现为内部损伤。

（3）控制贮藏温度。

常温比冷藏下更容易发生CO_2伤害现象，原因在于温度过高，呼吸加快，果实内部积累过量CO_2，加重苹果CO_2伤害。但温度过低，CO_2在细胞液中溶解度增大，也会加重CO_2伤害。苹果冷藏适宜温度为（0±0.5）℃，气调结合冰温贮藏能有效减少苹果CO_2伤害的发生率，因此气调贮藏的适宜温度比冷藏略高0.5~1.0 ℃。

（4）适宜的气体指标。

苹果气调贮藏可获得最佳的保鲜效果，但富士苹果对CO_2比较敏感，贮藏中应严格控制CO_2浓度。CO_2伤害受O_2浓度的制约，当CO_2浓度一定时，降低O_2浓度（O_2浓度小于2%），会加剧苹果的CO_2伤害。当CO_2浓度为2%时，O_2浓度降到5%以下会加剧富士苹果对CO_2的敏感性，引起CO_2伤害。一般苹果气调贮藏推荐条件如下：富士系，CO_2浓度小于0.5%，O_2浓度为1.5%~2.0%；嘎拉系，CO_2浓度为1.0%~2.0%，O_2浓度为1.5%~2.0%；元帅系，CO_2浓度为1.0%~2.0%，O_2浓度为2.0%~4.0%；金冠系，CO_2浓度为1.5%~3.0%，O_2浓度为1.0%~3.0%。采用薄膜包装进行简易气调贮藏时，控制袋内O_2浓度维持在12%~15%比较好。苹果采后贮藏前几周，更容易引起高CO_2伤害现象。因此，对CO_2敏感品种（如富士、粉红女士、蜜脆），气调贮藏环境中CO_2浓度要求控制在2%以下。

（5）贮藏期间通风换气。

一般说来，当短期贮藏而且环境中 CO_2 浓度较低时，若及时通风换气，一般不会出现 CO_2 伤害；只有当长期贮藏且 CO_2 浓度高于该品种的忍受阈值时，才会出现 CO_2 伤害现象。因此，要经常检测库内、袋内气体浓度，防止气体浓度超过阈值。晚熟苹果入库时间一般为 10 月上旬至 11 月上旬，此时环境温度仍然较高，果实入库时带进的热量较多，致使库内温度偏高，果实呼吸强度增大，库内 CO_2 浓度上升很快。因此，苹果刚入库时，要求每隔一周测定库内 CO_2 浓度，并根据测定结果及时通风换气。贮藏的中、后期，库体温度一般稳定在0 ℃左右，果实呼吸强度降低，库内 CO_2 浓度上升较慢，这时可以每隔 10～15 d 检测库内 CO_2 浓度，一旦发现库内 CO_2 浓度超过 2%，就要进行通风换气。通风换气应在库内外温差最小时段进行，每次 1 h 左右。

（6）选择适宜的包装薄膜。

包装薄膜的透气性直接影响袋内 CO_2 浓度水平。采用塑料薄膜袋贮藏苹果时，一定要注意选择适宜的保鲜袋，并注意管理，以防止袋内 CO_2 积累过多而造成伤害。目前，在生产上，苹果贮藏包装薄膜比较混乱，既有聚乙烯（PE）袋，也有聚氯乙烯（PVC）袋，厚度从 0.02～0.04 mm 不等。一般来说，PVC 保鲜膜表面极性分子多，能透析排除有害代谢产物（如醇、醛、乙烯等），且具有较高的 CO_2 透过率，因此 PVC 袋的厚度不能超过 0.06 mm。而 PE 袋的透气性差，最大厚度不能超过0.04 mm。同时，应根据不同品种对 CO_2 的耐受程度、装果量、薄膜的透气性能来选择适宜的包装薄膜，特别是应选用对 CO_2 高透性的苹果专用保鲜袋。

2. 苹果虎皮病防控

虎皮病是苹果贮藏后期发生的一种生理病害，其症状是果皮表面产生褐色不规则病斑，形如烫伤，故又称褐烫病。该病发病初期病斑较小，随着贮藏时间的延长，病斑面积扩大，严重时，病斑连成大片，甚至遍及整个果面。虎皮病虽然对果实风味无明显影响，但严重影响果实的外观和商品价值，常造成重大经济损失。苹果果实虎皮病的发生与发展随年份、产地和采收期的不同而变化很大，其感病敏感性由采前环境条件和采收时的果实成熟度等因素决定，同时受采后贮藏条件（如温度、湿度、贮期长短、贮藏环境中 O_2浓度和 CO_2 浓度）影响。因此，应从导致虎皮病发生的因素入手，有针对性地采取措施，防止苹果虎皮病的发生。

（1）适期采收。

一般根据果实发育天数、果实淀粉染色指数、果实硬度或离层发育情况来确定果实采收期，各地要根据果实贮藏期的长短来确定最佳采收期。一般选择树体健康、田间管理及果树修剪好、负载量适中、无病虫危害的果园进行采收，选择红色品种（如富士系）着色面积为2/3 至全红、果肉硬度为8.0 kg/cm^2以上、可溶性固形物含量在 13%以上的健康果实进行采收。

（2）药剂处理。

1-甲基环丙烯（1-MCP）处理不仅对苹果采后贮藏品质的保持有着显著的效果，而且对果实贮藏期和货架期间虎皮病的发生有明显的抑制作用，是目前控制苹果虎皮病的最佳候选保鲜剂。一般利用0.5~1.0 μL/L 药剂，在 0 ℃以下处理 24 h。

（3）及时预冷与低温贮藏。

采摘应选择在早晨或傍晚田间气温较低时进行，并将采下的果实尽快运入 0 ℃冷库迅速预冷，以尽快带走果实的田间热，减少果实失水，且可大幅降低果实的呼吸代谢消耗，保持良好品质，有利于延长贮期，预冷后，在-1~0 ℃和相对湿度为 90%~95%的条件下贮藏。

（4）科学规范的冷库管理。

根据库体体积和制冷机组的功率，确定冷库的合理载荷，并根据载荷确定贮藏苹果的数量，合理均匀安排果品堆垛的位置。码垛时应注意以下几个方面。① 尽量使用托盘，托盘高度为 15~20 cm；② 堆垛冷库墙壁留有 20~30 cm 的空隙，堆垛之间也应留有 20~30 cm 的空隙，且空隙方向应与冷库风机出风方向平行，注意不要在库内风机下方及后方放置果品，以使库内的空气循环具有良好的回路、温度迅速降低且均匀一致；③ 根据包装承载能力、库高及库内辅助设施等实际条件决定码垛的高度；④ 确保每个包装至少一个表面与外界接触，以便于果品包装的温度与气体的交换。此外，注意加强库内通风，防止贮藏后期库温随外界气温升高而上升。贮藏后期要经常检查果实状况，一旦发现病情，就不宜继续贮藏或长途外销，应立即就地销售。

（5）合理的贮藏包装。

在贮藏库内，相对于纸箱包装贮藏，大木箱或塑料周转箱的贮藏效果更好，不仅可使苹果果实迅速进入理想的低温贮藏状态，而且有利于袋内苹果与外界进行气体交换，降低二氧化碳和乙烯的积累，抑制虎皮病的发生。近年来，随着冷库湿度管理要求的提高，贮藏包装内使用打孔的塑料薄膜袋，要特别注意使用内衬薄膜袋的厚度及打孔面积，保证通风换气和内外热的传递。

（6）气调贮藏。

适当降低 O_2浓度、提高 CO_2 浓度可降低苹果虎皮病的发生概率。由于各品种苹果贮藏的适宜 O_2浓度和 CO_2 浓度不同，所以应掌握各品种的最适气调指标，以免因气体浓度不当而造成经济损失。一般要求温度在 0 ℃左右，O_2浓度为 1.0%~2.5%、CO_2 浓度为 0.5%~3.0%，且在此范围内 O_2浓度低时，CO_2 浓度也相应较低。

参考文献

［1］ 贾军令．针对特殊气候变化的苹果花果管理措施研究［J］．现代农业研究，2021，27（5）：144-145.

［2］ 汪景彦．苹果树整形修剪纠错图解［J］．果树实用技术与信息，2021（3）：28-30.

［3］ 里程辉，于年文，王宏，等．辽宁省纺锤形苹果树整形修剪中的问题及对策［J］．北方果树，2021（2）：23-25.

［4］ 李保华，张振芳．苹果幼树死亡诱因、诊断与防控［J］．落叶果树，2021，53（2）：1-6.

［5］ 高习习，廖梓懿，刘洪冲，等．苹果采后处理与贮藏保鲜技术研究进展［J］．保鲜与加工，2021，21（6）：1-12.

［6］ 东明学，刘进，东美，等．预防苹果晚霜冻害的综合栽培技术［J］．果树实用技术与信息，2020（11）：31.

［7］ 岳强，闫文涛，周宗山，等．苹果病虫害发生特征与防治策略［J］．中国果树，2020（6）：107-111.

［8］ 黄金凤，闫忠业，王冬梅，等．辽宁熊岳地区苹果树冻害调查分析［J］．中国果树，2020（5）：127-129.

［9］ 何莉莉．苹果树冻害的发生原因及防治对策［J］．现代农业，2020（8）：89-90.

［10］ 王贵平，薛晓敏，聂佩显，等．2020年山东省泰沂山区苹果春季冻害调研报告［J］．落叶果树，2020，52（3）：8-11.

[11] 张谋草，张可心，姜惠峰，等．温度对陇东地区红富士苹果品质的影响及品质区划［J］．中国农学通报，2020，36（12）：46-52.

[12] 温恭敬．苹果树栽培和病虫害防治技术要点分析［J］．果树资源学报，2020，1（2）：46-47，51.

[13] 修明霞，李登云，王进，等．现代苹果园的整形修剪技术［J］．果树资源学报，2020，1（1）：32-33.

[14] 张磊，张宏建，孙林林，等．基于叶片营养诊断的苹果园果树精准施肥模型研究［J］．中国土壤与肥料，2019（6）：212-222.

[15] 张玥滢，刘布春，邱美娟，等．气候变化背景下中国苹果适宜种植区北移西扩：基于高分辨率格点气象数据的区划分析［J］．中国农业气象，2019，40（11）：678-691.

[16] 董晓菲，贾佳，王超云，等．胶东苹果园土壤改良技术措施［J］．现代农业科技，2019（20）：90-91，93.

[17] 王金政，毛志泉，丛佩华，等．新中国果树科学研究70年：苹果［J］．果树学报，2019，36（10）：1255-1263.

[18] 柏秦凤，霍治国，王景红，等．中国主要果树气象灾害指标研究进展［J］．果树学报，2019，36（9）：1229-1243.

[19] 于年文，王宏，宋哲，等．苹果生产中存在的争议问题［J］．北方果树，2019（4）：47-49.

[20] 邹养军，马锋旺，符轩畅，等．晚熟苹果新品种“秦脆”［J］．园艺学报，2019，46（5）：1011-1012.

[21] 郭珊珊，周子琪．几种不同苹果品种优质生产的气候区划［J］．南方农业，2019，13（8）：174-176.

[22] 于年文，王宏，宋哲，等.2019 年辽宁省苹果树整形修剪意见［J］. 北方果树，2019（2）：46-47.

[23] 王志华，王文辉，佟伟，等. 寒富苹果褐变原因和贮藏保鲜关键技术［J］. 果树实用技术与信息，2019（2）：44-46.

[24] 王金政，薛晓敏，王贵平，等. 苹果现代矮砧集约栽培花果管理综合配套技术［J］. 中国果树，2019（1）：8-10，15.

[25] 吕天星，闫忠业，李鹏飞，等. 苹果新品种“岳阳红”在大石桥的试栽表现［J］. 北方果树，2018（6）：53-54.

[26] 李永焘，李丙智，李晓斌，等. 苹果树整形修剪关键技术［J］. 果农之友，2018（11）：4-5.

[27] 闫忠业，吕天星，宋良，等. 苹果中熟新品种“岳艳”在辽宁海城的表现［J］. 中国果树，2018（5）：87，94.

[28] 路超，聂佩显，王来平，等. 苹果园精准高效肥水管理技术［J］. 落叶果树，2018，50（5）：61-62.

[29] 宋哲，王颖达，于年文，等. 我国寒富苹果花果管理存在的主要问题与解决策略［10］. 辽宁农业科学，2018（3）：63-65.

[30] 王金政，薛晓敏. 苹果优质花果管理与灾害防控技术［M］. 济南：山东科学技术出版社，2018.

[31] 王金政，薛晓敏. 成龄苹果园结构优化与郁闭园改造关键技术［M］. 济南：山东科学技术出版社，2018.

[32] 李燕青，丁文涛，李壮，等. 辽宁省苹果主产区果园施肥状况调查与评价［J］. 中国果树，2017（6）：94-98.

[33] 王冬梅，伊凯，刘志，等. 中熟苹果新品种“岳艳”的

选育［J］. 果树学报，2017，34（4）：515-518.
［34］ 杨锋，刘志，伊凯，等．苹果无融合生殖半矮化砧木“辽砧106”的选育［J］. 果树学报，2017，34（3）：379-382.
［35］ 张艺馨，尚玉臣，张晓丽，等.1-MCP在果蔬应用上的研究进展［J］. 中国瓜菜，2016，29（11）：1-6.
［36］ 吕天星，王冬梅，闫忠业，等．晚熟苹果新品种“岳冠”的选育［J］. 果树学报，2016，33（10）：1321-1323.
［37］ 阎振立，张恒涛，张瑞萍，等．苹果新品种“华硕”在我国14个产地的表现［J］. 中国果树，2016（4）：90-94，102.
［38］ 厉恩茂，安秀红，李敏，等．苹果园省力化花果管理技术［J］. 果树实用技术与信息，2015（12）：8-9.
［39］ 王莹，李琳琳，张晓月，等．辽宁省苹果花期冻害时空分布规律及其风险区划［J］. 江苏农业科学，2015，43（6）：376-379.
［40］ 丛佩华．中国苹果品种［M］. 北京：中国农业出版社，2015.
［41］ 韩振海，王忆，张新忠，等．苹果砧木新品种中砧1号［J］. 农业生物技术学报，2013，21（7）：879-882.
［42］ 孙金卓．苹果矮化中间砧苗木快速繁育技术［J］. 山西果树，2013（2）：45-46.
［43］ 王佳军，高树青，高洪岐，等．四个苹果新品种果园土壤培肥与节水技术操作规程［J］. 北方园艺，2011（17）：81-82.
［44］ 宋哲，徐贵轩，何明莉，等．四个苹果新品种的整形修剪技术操作规程［J］. 北方果树，2011（5）：52-53.

[45] 魏钦平，张继祥，毛志泉，等. 苹果优质生产的最适气象因子和气候区划 [J]. 应用生态学报，2003（5）：713-716.